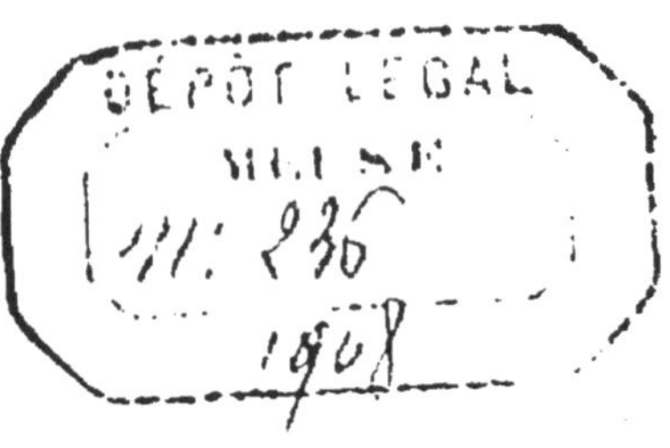
DÉPÔT LÉGAL
MEUSE

AF473310

CHIMIE

Sciences Physiques et Naturelles

Ouvrages conformes aux programmes du 31 mai 1902

(Volumes 16/11cm, cartonnés toile) :

Physique, par L. BOISARD, professeur agrégé au lycée Carnot :

I. Classes de Seconde et Première C et D, cart. toile. 3 fr. »

II. Classes de Mathématiques A et B avec planches hors texte en noir (radiographies) et en couleurs (spectres), cart. toile . . . . 2 fr. 50

Chimie :

I. Classes de Seconde et Première C et D, par P. RIVALS, professeur à la Faculté des Sciences de Marseille, cart. toile . . . . 2 fr. »

II. Classes de Mathématiques A et B.

Histoire naturelle (Anatomie, Physiologie, Paléontologie), par E. CAUSTIER, professeur agrégé au lycée Saint-Louis.

Classes de Philosophie A et B et de Mathématiques A et B. cart. toile, de 684 pages avec 833 gravures (11e édit.). . . . . 3 fr. 50

Paul RIVALS
Professeur à la Faculté des Sciences de Marseille.

CHIMIE

A L'USAGE

des élèves de Seconde et Première C et D et des candidats au Baccalauréat.

Ouvrage conforme aux programmes du 31 mai 1902.

PARIS
VUIBERT ET NONY ÉDITEURS
63, BOULEVARD SAINT-GERMAIN, 63

1908

PROGRAMME OFFICIEL

Classes de Seconde C et D (1).

Air, composition. — Azote.
Oxygène, combustion.
Eau, composition. — Eaux potables. — Hydrogène.
Chlore, acide hypochloreux, chlorures décolorants.
Acide chlorhydrique.
Électrolyse du chlorure de sodium. — Sodium, soude caustique.
Analyse, synthèse. — Mélange, combinaison.
Corps simples. — Métalloïdes, métaux. — Corps composés.
Principe de la conservation de la matière. — Loi des proportions définies.
Symboles. Notation atomique. Formules.
Nomenclature. — Acides, bases, sels.
Soufre. Corps amorphes, corps cristallisés. — Polymorphisme. — Anhydride sulfureux, anhydride et acide sulfuriques. — Hydrogène sulfuré.
Acide azotique. — Oxydes de l'azote. — Loi des proportions multiples.
Ammoniaque. — Chlorure et sulfate d'ammonium.
Loi des volumes.
Acide phosphorique, phosphore.
Carbone, charbons. — Anhydride carbonique et oxyde de carbone.
Sulfure de carbone.
Silice, verres. — Acide borique, borax.
Chlorure et carbonate de sodium, soude, sulfate de sodium.
Calcaires, chaux, mortiers, ciment, plâtre.

---

(1) Le professeur devra se limiter strictement à l'étude des corps qui figurent dans ce programme détaillé. Pour la préparation des composés usuels, il se bornera à donner une idée des procédés industriels modernes, sans insister sur le détail des appareils.

Classes de Première **C** *et* **D.**

Fer [1], fontes, aciers.

Aluminium, alumine, sulfate d'aluminium, aluns ; isomorphisme.

Argile, kaolin, porcelaine.

Cuivre et alliages. — Sulfate de cuivre.

Argent et or. — Alliages monétaires.

Chimie organique.

Substances organiques. — Substances organisées.

Analyse qualitative des éléments qui entrent dans une substance organique.

Carbures d'hydrogène. — Méthane et éthane : pétroles. — Éthylène. — Acétylène. — Gaz de l'éclairage. — Benzine, naphtaline. — Séries homologues.

Produits de substitution et d'addition halogénés. — Chloroforme, iodoforme, chlorure d'éthylène.

Alcool méthylique, alcool éthylique ; fermentation alcoolique. — Fonction alcool.

Acide acétique, distillation du bois, acides gras. — Fonction acide.

Éthers-sels.

Glycérine, corps gras, bougies et savons.

Saccharose, glucose, amidon, cellulose.

Phénol, acide picrique.

Aniline.

Notions très sommaires sur les principes extraits des végétaux (quinine, morphine, amygdaline).

---

(1) On devra se contenter d'exposer les réactions utilisées en métallurgie sans trop détailler les appareils industriels.

CHIMIE

1. Objet de la Chimie. — La Chimie étudie les propriétés des corps et les conditions dans lesquelles ceux-ci se transforment ou réagissent les uns sur les autres pour donner naissance à de nouvelles substances ; elle s'efforce de résumer les faits observés en des *lois générales*.

La Chimie sait préparer, à partir des produits naturels, un nombre immense de corps nouveaux ; par là, cette science joue un rôle chaque jour plus considérable, dans la plupart des industries.

La Chimie concourt ainsi à accroître le domaine de la Science et le bien-être de l'humanité.

MÉTALLOÏDES

AIR. — AZOTE. — OXYGÈNE

2. Air, composition. — L'air, dans lequel nous vivons est un gaz incolore ; un litre d'air, à 0° et sous la pression normale de 760mm de mercure, pèse 1g,293.

L'air, refroidi à des températures extrêmement basses, se liquéfie et peut même être solidifié à des températures plus basses encore ; cette liquéfaction se fait aujourd'hui en grand dans l'industrie et elle fournit un liquide incolore qui bout de — 180 à — 195° ; tandis que l'eau est un corps unique qui bout exactement à 100°, sous la pression atmosphérique. L'air est en effet un mélange formé principalement par deux gaz que nous appellerons l'*azote* et l'*oxygène*. Le premier, liquéfié, bout à — 195°, le second à — 181° ; autrement dit, l'azote est plus volatil que l'oxygène.

Par suite, si l'on maintient à l'ébullition de l'air liquide, on verra la température du liquide s'élever peu à peu ; en outre les premières portions volatilisées seront constituées principalement par de l'azote, gaz dans lequel une allumette s'éteint ; tandis que les dernières portions restées liquides seront de l'oxygène, gaz dans lequel une allumette brûle avec un éclat éblouissant.

La liquéfaction de l'air nous donne donc le moyen de montrer que l'air est un mélange et en même temps de préparer industriellement l'oxygène [1].

Il y a en réalité plus de cent ans que Lavoisier, l'un des fondateurs de la chimie moderne, a montré que l'air n'est pas un élément, comme le croyaient les Anciens, mais un mélange.

C'est l'étude des combustions qui a conduit Lavoisier à cette découverte fondamentale.

Certains corps brûlent dans l'air avec une belle flamme et une vive incandescence, tels le bois, le soufre, le magnésium ; certains métaux, chauffés à l'air, se transforment lentement en une poudre terreuse que l'on appelle un *oxyde métallique*. Ainsi le *mercure* donne une poudre rouge que nous appellerons *oxyde de mercure*.

Une expérience classique de Lavoisier va nous démontrer deux vérités fondamentales, à savoir : 1° que l'air est composé d'azote et d'oxygène ; 2° qu'une combustion est l'union, la combinaison du corps qui brûle avec l'oxygène de l'air.

3. Expérience de Lavoisier. — Lavoisier chauffait du mercure dans une masse d'air limitée, au moyen du dispositif suivant :

Un matras contenant du mercure communique librement, par un tube à double courbure, avec la partie supérieure d'une cloche renversée sur une cuve à mercure et renfermant de l'air.

On note le niveau du mercure dans la cloche et l'on chauffe le matras vers 300°. Tout d'abord, l'air contenu dans le ballon se dilate et le niveau du mercure baisse dans la cloche ;

---

[1] Des usines fonctionnent à Paris, Marseille et Lyon.

mais bientôt on voit apparaître, dans le ballon, à la surface du mercure, une pellicule rouge, et le niveau du mercure, dans la cloche, monte peu à peu. Après plusieurs jours de chauffe, l'appareil étant refroidi, Lavoisier constatait que le volume du gaz, dans l'appareil, était moindre qu'au début, et que ce résidu gazeux n'était plus de l'air. En effet un corps allumé plongé dans ce gaz s'y éteignait ; un oiseau y mourait asphyxié. Ce nouveau gaz est l'*azote*.

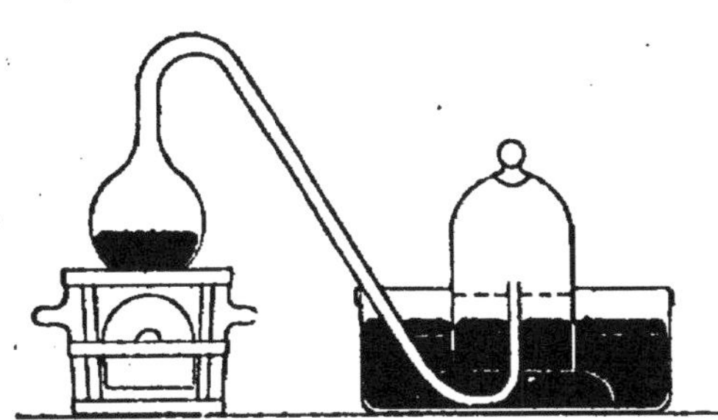

Fig. 1. — Expérience de Lavoisier.

Si on recueille maintenant les pellicules rouges d'oxyde de mercure, qu'on les chauffe vers 400° dans un petit tube à essai, on les voit se résoudre en de fines gouttelettes de mercure qui viennent se déposer sur les parties plus froides du tube et il se produit en même temps un dégagement gazeux. Au moyen d'un tube de verre qui traverse le bouchon fermant le tube à essai et se rend sous une petite cloche renversée sur l'eau, on recueille ce gaz et l'on constate qu'une allumette présentant encore un point rouge s'y rallume avec une petite explosion et y brûle avec beaucoup plus d'éclat que dans l'air.

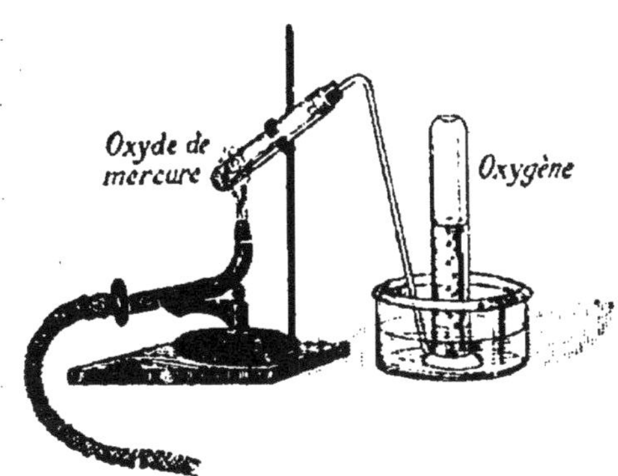

Fig. 2. — Décomposition de l'oxyde de mercure par la chaleur.

Ce gaz nouveau, qui possède à un degré si remarquable la propriété d'entretenir les combustions, est l'*oxygène*.

En mélangeant à nouveau les deux gaz oxygène et azote, nous pourrions reconstituer un gaz identique à l'air primitif. L'air est donc bien un mélange d'oxygène et d'azote, et, en séparant ces deux constituants, nous avons fait l'*analyse de l'air*

4. Analyse et composition de l'air. — L'expérience précédente constitue une analyse *qualitative* de l'air; proposons-nous maintenant d'en faire l'analyse *quantitative*, c'est-à-dire de déterminer les proportions relatives d'azote et d'oxygène contenues dans l'air.

Les diverses méthodes employées dans ce but reviennent à absorber l'oxygène d'une masse limitée d'air et à mesurer l'azote restant.

1° Analyse volumétrique par le phosphore. — Dans une cloche divisée, renversée sur une cuve à eau et contenant par exemple 20^{cm^3} d'air, on fait passer un bâton de phosphore que l'on soutient au moyen d'un fil de fer. Le phosphore absorbe lentement l'oxygène et, au bout de quelques heures, la dernière trace d'oxygène ayant disparu, on reconnait que le phosphore a cessé de luire dans l'obscurité ; on enlève alors le bâton de phosphore et on constate qu'il ne reste plus que $15^{cm^3},8$ d'azote.

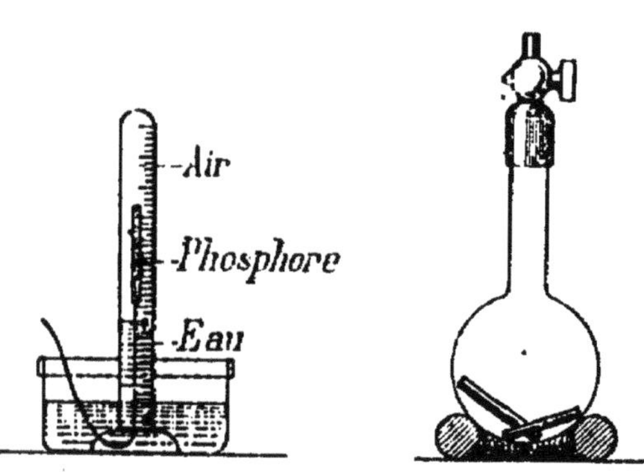

Fig. 3. — Analyse volumétrique de l'air.

Fig. 4. — Analyse pondérale de l'air.

L'air est donc formé de 79^{cm^3} d'azote pour 21^{cm^3} d'oxygène.

2° Analyse pondérale par le phosphore. — Un ballon, fermé par un robinet, renferme du phosphore ; on fait le vide et on tare le ballon ; on y laisse rentrer de l'air sec : soit P l'augmentation de poids. Après quelques heures, le ballon étant entouré de glace pour éviter la volatilisation des oxydes de phosphore, on fait de nouveau le vide : soit p l'augmentation de poids par rapport à la *première* tare.

p est le poids d'oxygène fixé par le phosphore, P le poids de l'air soumis à l'analyse, $P - p$ sera le poids de l'azote.

On trouve que $$\frac{p}{P} = \frac{23}{100}.$$

Donc l'air est formé, en poids, de 23 °/₀ d'oxygène et d'azote.

Ces nombres paraissent invariables aux différents points du globe et avec le temps.

Autres gaz contenus dans l'air. — En outre de l'azote (et de l'oxygène l'air renferme encore du gaz *carbonique* produit de la combustion du charbon), environ 3$^{cm^3}$ dans 10 litres d'air, et de la vapeur d'eau. De l'eau de chaux abandonnée à l'air se recouvre d'une pellicule blanche de carbonate de calcium et c'est là, nous le verrons, une réaction caractéristique de la présence du gaz carbonique. Un corps froid placé dans l'air condense la vapeur d'eau et se recouvre d'un dépôt de rosée.

Enfin l'azote atmosphérique contient un autre gaz inerte, l'argon, dans la proportion d'un centième environ, et de très petites quantités de gaz rares : l'hélium, le néon, le xénon, le crypton.

5. Azote. — Tout moyen permettant d'enlever l'oxygène de l'air est en même temps un procédé de préparation de l'azote.

Ainsi l'air abandonné au contact du phosphore laisse un résidu d'azote. Si nous chauffons de la tournure de cuivre à l'air, nous

A B

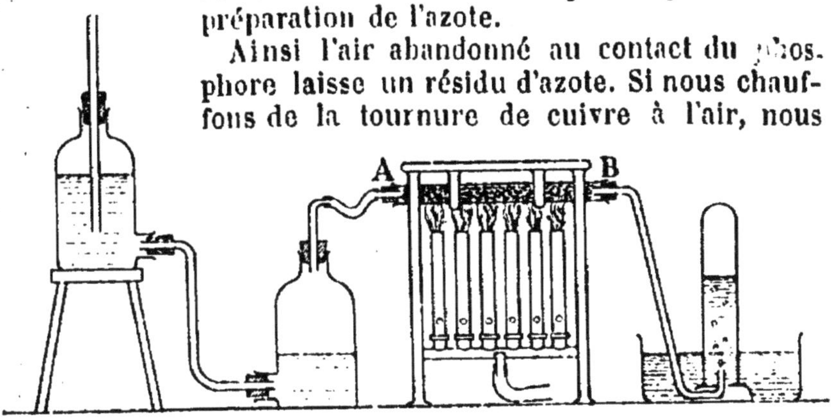

Fig. 5. — Préparation de l'azote atmosphérique.

voyons le cuivre noircir et se transformer en paillettes friables d'oxyde de cuivre. Ici comme dans le cas du mercure, le cuivre a absorbé l'oxygène de l'air. Dès lors, si l'on veut préparer de l'azote atmosphérique, il suffit de faire arriver un courant d'air très lent sur une longue colonne de tournure de cuivre chauffée vers 400° dans un tube en verre peu fusible. L'air arrive en A, l'azote sort en B et est recueilli sur l'eau ou sur le mercure.

L'azote ainsi préparé est un gaz incolore, inodore, insipide, très peu soluble dans l'eau, difficile à liquéfier, puisque le liquide obtenu bout à — 194°4 sous la pression atmosphérique. On sait qu'un accroissement de pression élève le point d'ébullition des différentes substances, mais sans que ce point d'ébullition puisse dépasser une certaine température critique, au-dessus de laquelle un gaz ne peut plus être liquéfié ; pour l'azote ce point critique est à — 146°.

Un litre d'azote atmosphérique, ramené à 0° et à la pression normale de 760mm de mercure, pèse 1g,257.

L'azote n'entretient pas les combustions ni la respiration ; on dit quelquefois que c'est un gaz inerte. En réalité l'azote, à haute température, est absorbé par un assez grand nombre de métaux et en particulier par le magnésium. Mais dans cette réaction, l'azote atmosphérique laisse toujours un résidu d'argon ; celui-ci est un gaz absolument inerte et plus lourd que l'azote.

Nous apprendrons à préparer l'azote chimiquement pur, c'est-à-dire exempt d'argon. Un litre d'azote chimique pèse 1g,251.

L'azote, sous l'influence des effluves et des étincelles électriques, se combine à l'oxygène pour donner des vapeurs nitreuses, à l'hydrogène pour donner de l'ammoniaque. Ces corps se retrouvent dès lors dans l'atmosphère, surtout par les temps d'orage et d'ailleurs en quantités infinitésimales ; entraînés par la pluie, ils sont fixés par le sol.

Enfin certaines bactéries répandues à la surface du sol ou vivant dans certaines plantes, fixent directement l'azote qui est ensuite assimilé par les végétaux et concourt à la formation des organismes végétaux et animaux. L'azote n'est donc pas un gaz réellement inerte, c'est un agent essentiel de la vie à la surface du globe.

6. Oxygène, combustion. — L'oxygène s'obtient industriellement, nous l'avons vu, par distillation fractionnée de l'air liquide. On l'obtient aussi, nous le verrons, par l'électrolyse de l'eau.

On l'achète, comprimé à 120 atmosphères dans des bouteilles en fer. Mais on peut aussi préparer l'oxygène dans les laboratoires en chauffant un sel blanc appelé chlorate de potassium, auquel on a mélangé, pour rendre la décomposition plus régulière, une matière noire, du bioxyde de man-

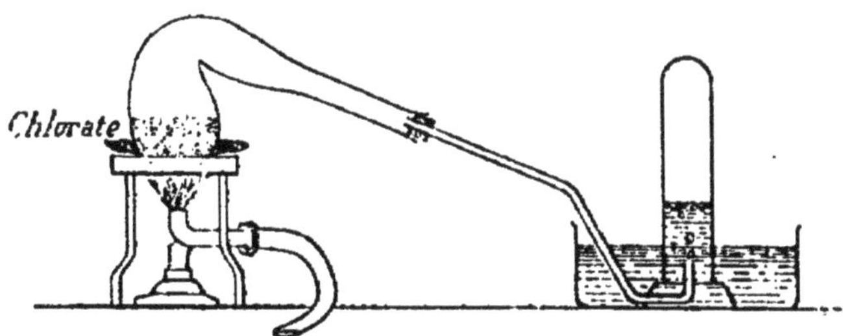

Fig. 6. — Préparation de l'oxygène par le chlorate de potassium.

ganèse. L'oxygène peut-être recueilli sur l'eau.

Il reste dans la cornue, mélangé à la matière noire, un nouveau sel blanc, le chlorure de potassium [1].

Propriétés physiques. — L'oxygène est un gaz incolore, inodore, insipide ; un litre de ce gaz, dans les conditions normales de température et de pression, pèse $1^{g},428$; il est donc un peu plus lourd que l'air, l'azote étant par contre un peu plus léger. Il est peu soluble dans l'eau ; un litre d'eau dissout 40^{cm3} d'oxygène et 20^{cm3} d'azote. L'oxygène liquide bout à — 182°, il est bleuâtre, il se solidifie à — 235°, et son point critique est à = 118° sous 50 atmosphères.

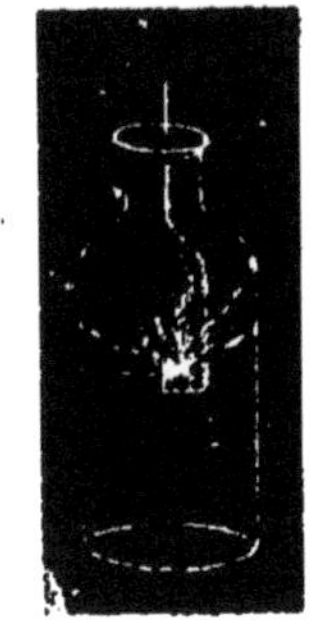

Fig. 7. — Combustion du soufre dans l'oxygène.

Propriétés chimiques. — La propriété essentielle de l'oxygène est que la plupart des corps y brûlent avec un éclat incomparable.

Un morceau de *soufre* est placé dans une petite coupelle en terre, reliée par un gros fil de fer recourbé à un bouchon plat. On enflamme le soufre et on l'introduit dans un bocal plein d'oxygène. Aussitôt la flamme bleue du soufre prend un éclat magnifique et, quand la combustion est terminée, le flacon contient un nouveau gaz, d'une odeur insupportable, c'est le *gaz sulfureux*. Ce gaz est

(1) Nous écrirons plus tard la réaction :

$$ClO^3K = KCl + 3\,O.$$

soluble dans l'eau, car si on verse de l'eau dans le flacon et que l'on agite en fermant l'ouverture avec le plat de la main, un vide se produit. Enfin l'eau qui a dissous le gaz sulfureux rougit la teinture de tournesol bleue. Bref, l'oxygène et le soufre ont disparu, au moins en partie, pour donner naissance à une substance nouvelle.

Si l'on remplace le soufre par du charbon, on a encore une belle combustion et on obtient un gaz incolore et presque inodore qui trouble l'eau de chaux et que l'on appelle le *gaz carbonique*. Avec le phosphore, la combustion est plus éblouissante encore et donne naissance à une poudre blanche, l'anhydride *phosphorique*. De même le magnésium donne de la *magnésie*.

Fig. 8. — Le gaz sulfureux est soluble dans l'eau.

Enfin une spirale de fer (ressort de montre recuit et enroulé) à l'extrémité de laquelle on fixe un morceau d'amadou que l'on allume, brûle dans l'oxygène en lançant des gouttelettes incandescentes d'oxyde de fer fondu. Il faut mettre au fond du flacon de l'eau ou mieux du sable pour diminuer les chances de rupture.

Les réactions qui précèdent sont des *combustions vives*, les corps qui brûlent sont des *combustibles* et l'oxygène est un *comburant*. Il se forme une combinaison du combustible avec le comburant et cette union est accompagnée d'un grand dégagement de chaleur qui porte à l'incandescence le combustible et les produits de la combustion.

Fig. 9. — Combustion du fer dans l'oxygène.

Mais l'oxygène peut aussi s'unir lentement et dès la température ordinaire à certains corps. La chaleur dégagée par la réaction est enlevée peu à peu par rayonnement ou par conductibilité, de sorte que la température reste basse et par suite la réaction n'est pas accélérée.

On a dès lors un phénomène de *combustion lente* ; l'oxydation lente du phosphore à l'air, utilisée précédemment, la formation de la rouille à l'air humide, la respiration, certaines fermentations ne sont que des combustions lentes.

L'oxygène est utilisé industriellement pour activer certaines combustions, pour vieillir les liqueurs alcooliques, pour combattre l'asphyxie et l'oppression.

L'oxygène, dans la nature, joue un rôle essentiel ; dans l'atmosphère, dont il forme le cinquième, il entretient la respiration des êtres vivants ; il forme les huit neuvièmes du poids de l'eau ; il entre dans la composition de la plupart des roches ; bref, il représente à lui seul les deux tiers environ du poids de notre planète.

EAU. — HYDROGÈNE

---

7. Distillation de l'eau. — L'eau, telle qu'on la trouve dans la nature, n'a pas toujours les mêmes propriétés ; l'eau de pluie, les eaux de sources, les eaux courantes, l'eau de mer tiennent en dissolution des gaz et des solides.

Quelques centimètres cubes d'une eau courante, une centaine par exemple, évaporés dans une capsule de platine, laissent un léger résidu de 2 à 3 centigrammes, constitué précisément par les matières solides dissoutes par l'eau.

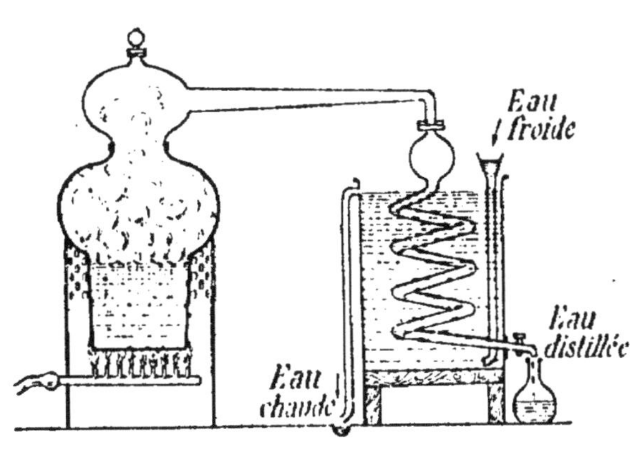

Fig. 10. — Alambic.

Il suffit de distiller les eaux naturelles pour en extraire de l'eau pure, c'est-à-dire un corps toujours semblable à lui-même, une *espèce chimique définie*.

La distillation de l'eau s'effectue dans un alambic.

Cet appareil se compose d'une chaudière en cuivre dans laquelle on fait bouillir de l'eau ; la vapeur s'accumule dans un dôme où se déposent les gouttelettes entraînées mécaniquement, puis va se condenser dans un serpentin formé d'un tube d'étain enroulé en hélice et entouré d'eau froide.

L'eau distillée évaporée dans une capsule de platine ne laisse aucun résidu. L'eau de pluie ne laisse pas non plus de résidu appréciable, c'est de l'eau distillée par la chaleur solaire.

Propriétés de l'eau. — L'eau pure, à la température ordinaire (de 15° par exemple) est un liquide mobile, incolore, inodore, d'une saveur fade assez désagréable; les eaux naturelles doivent leur goût aux sels et aux gaz qu'elles tiennent en dissolution.

L'eau présente, comme on sait, à 4°, un maximum de densité; un gramme d'eau distillée occupe alors un volume très sensiblement égal à un centimètre cube.

Quand l'eau se refroidit suffisamment, elle se congèle, sous la pression atmosphérique, toujours à la même température, que l'on appelle degré zéro. La glace est un solide transparent, souvent *cristallisé*, c'est-à-dire affectant des formes géométriques régulières (cristaux de neige, fleurs de glace). La glace éprouve en fondant une diminution de volume très appréciable : 13^{cm^3} de glace ne donnent que 12^{cm^3} d'eau, à la même température de 0°.

Fig. 11. — Cristaux de glace.

L'eau, sous la pression atmosphérique normale de 760^{mm} de mercure, bout toujours à la même température qui a été prise pour le point 100 du thermomètre centigrade. En outre, l'eau abandonnée à l'air libre se convertit en vapeur et d'autant plus vite que l'air environnant est plus sec et la température plus élevée.

Enfin, l'eau peut dissoudre un grand nombre de corps, et nous rencontrerons dans la suite de très nombreuses applications des propriétés dissolvantes de l'eau.

8. Analyse et composition de l'eau. — Analyse de

l'eau par le voltamètre. — L'eau peut être décomposée par le courant électrique dans un appareil appelé voltamètre. C'est un récipient en verre dans lequel aboutissent les conducteurs du courant isolés dans des tubes de verre et terminés par des baguettes de charbon ou des lames de platine que l'on appelle les électrodes et qui doivent être formées de substances inattaquables dans les conditions de l'expérience.

Si, dans le voltamètre, on ne met que de l'eau pure, le courant ne passe pas ; l'eau pure en effet est un isolant. Mais dès que l'on dissout dans cette eau de l'acide sulfurique ou de la soude caustique, le courant s'établit et l'on voit aussitôt des bulles de gaz se rassembler sur les électrodes et venir

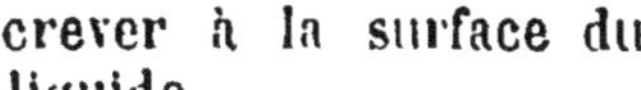

crever à la surface du liquide.

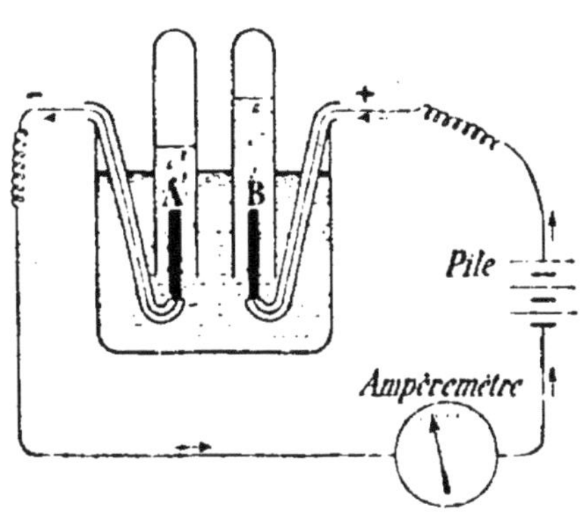

Fig. 12. — Voltamètre.

Pour recueillir ces gaz il suffit de recouvrir les électrodes avec deux petites éprouvettes préalablement remplies d'eau. On constate alors que le gaz qui s'est dégagé sur l'électrode d'entrée du courant, ou anode, rallume une allumette présentant encore un point rouge, c'est de l'*oxygène;* l'autre gaz brûle à l'air avec une flamme pâle et très chaude, nous l'appellerons l'*hydrogène*.

Nous remarquons en outre que *le volume de l'hydrogène est le double de celui de l'oxygène dégagé dans le même temps.*

Après l'expérience, le voltamètre contient le même poids d'acide sulfurique ou de soude caustique, mais le poids de l'eau a diminué. L'eau s'est décomposée en oxygène et hydrogène. L'eau est donc un *composé* d'oxygène et d'hydrogène. Ces deux gaz au contraire sont dits des *corps simples* ou *éléments*, parce qu'on n'a jamais pu les scinder en éléments plus simples.

Faire l'*analyse* d'un composé, c'est précisément le dédoubler en ses éléments.

Analyse de l'eau par un métal. — Le *sodium* est un

métal, c'est-à-dire un élément. C'est un solide mou, très altérable à l'air humide. Un fragment de sodium projeté à la surface de l'eau contenue dans un bocal profond y produit une réaction très vive. La chaleur dégagée par cette réaction fait fondre le métal, qui se rassemble en boule à la surface de l'eau et s'y déplace en produisant un bruissement et parfois même une explosion. Bientôt le sodium a disparu.

On peut faire l'expérience sous une autre forme ; au-dessus

Fig. 13. — Décomposition de l'eau par le sodium (1re expérience).

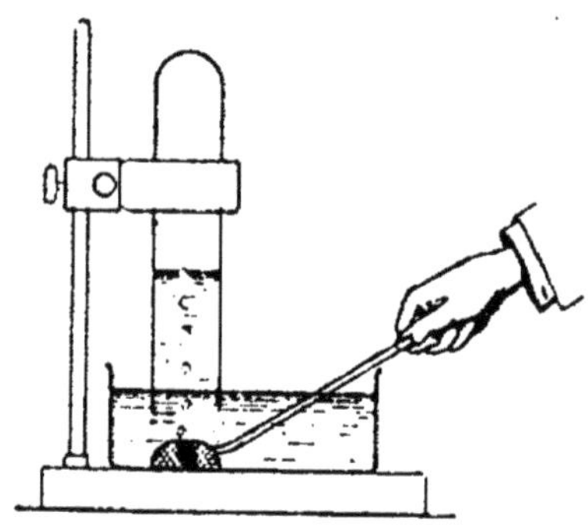

Fig. 14. — Décomposition de l'eau par le sodium (2e expérience).

d'un cristallisoir est renversée une éprouvette pleine d'eau ; on jette à la surface un morceau de sodium et à l'aide d'une cuiller renversée, en toile métallique, on le maintient au fond de l'eau sous l'éprouvette. Celle-ci se remplit d'hydrogène que l'on pourra faire brûler.

Le sodium a décomposé une partie de l'eau. La moitié de l'hydrogène de l'eau décomposée se dégage, l'autre moitié

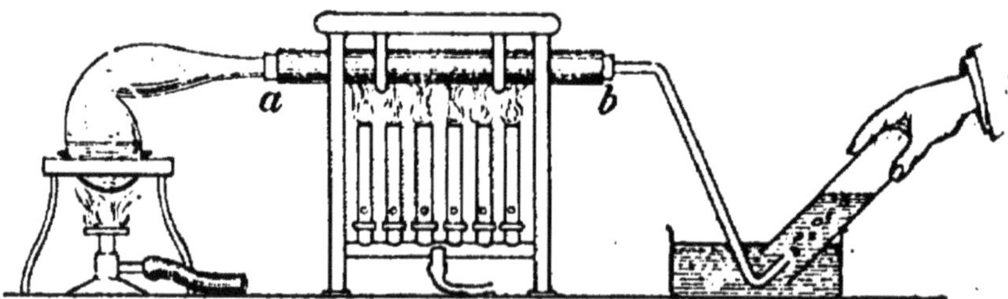

Fig. 15. — Décomposition de la vapeur d'eau par le fer.

reste unie à l'oxygène et à du sodium et forme de la *soude caustique* qui se dissout dans l'eau.

On peut verser dans cette eau de la teinture rouge de tournesol, celle-ci bleuit. Nous verrons plus tard que ce caractère appartient à la soude caustique.

Le *fer* est sans action sur l'eau à la température ordinaire, mais si l'on fait passer un courant de vapeur d'eau arrivant par *a* dans un tube de porcelaine chauffé au rouge et contenant des fils de fer, l'eau est décomposée en même temps que le fer perd son éclat, fixe l'oxygène de l'eau et se transforme en une matière brune, un oxyde de fer, composé d'oxygène et de fer. L'hydrogène de l'eau mis en liberté se dégage en *b*, où le recueille sur l'eau.

On a ainsi un moyen assez pratique de préparer de l'hydrogène.

Synthèse de l'eau. — Nous aurons le meilleur contrôle des conclusions déduites des expériences précédentes touchant la composition de l'eau, en reconstituant de l'eau par combinaison directe de l'oxygène et de l'hydrogène, c'est-à-dire en effectuant la *synthèse* de l'eau.

En effet, faire la synthèse d'un composé, c'est reconstituer ce composé en partant des éléments.

Gaz tonnant. — Si nous approchons d'une flamme l'ouverture d'un petit flacon contenant un mélange formé en volumes de deux tiers d'hydrogène pour un tiers d'oxygène, il se produit une explosion violente ; les deux gaz simples se sont unis pour donner quelques centigrammes de vapeur d'eau. Celle-ci, qui se détend d'abord par l'action de la chaleur, se condense aussitôt, et l'air rentrant dans le flacon vient frapper les parois avec bruit.

Sous cette forme, l'expérience ne se prête à aucune mesure, nous allons la répéter au moyen d'un instrument appelé eudiomètre.

Eudiomètre. — C'est un tube en verre épais, fermé à un bout et divisé, à partir de l'extrémité fermée, en centimètres cubes et dixièmes de centimètres cubes. En outre on a rassemblé au fond du tube une masse de verre dans laquelle sont soudés deux fils de platine qui permettent de faire jaillir une étincelle électrique à l'intérieur de l'eudiomètre.

Celui-ci étant rempli de mercure, on y fait passer 20^{cm^3} d'hydrogène et autant d'oxygène, puis on fait jaillir une étincelle. On voit une lueur illuminer le tube et l'expérience est terminée. Il ne reste plus dans l'appareil que 10^{cm^3} d'oxygène pur, complètement absorbable par le phosphore ; donc les 10^{cm^3} d'oxygène disparus se sont unis aux 20^{cm^3} d'hydrogène pour donner quelques milligrammes d'eau qui recouvrent les parois de l'eudiomètre d'une très légère buée.

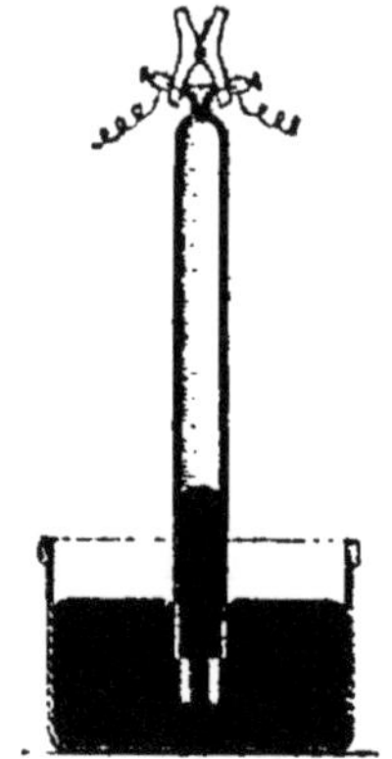

Fig. 16. — Eudiomètre.

Cette expérience eudiométrique confirme donc la conclusion à laquelle nous avait déjà conduits l'analyse de l'eau par le voltamètre, à savoir que dans l'eau, l'oxygène et l'hydrogène sont unis dans la proportion de 1 volume d'oxygène pour 2 d'hydrogène.

Composition de l'eau en poids. — Le cuivre s'unit à l'oxygène pour donner de l'oxyde de cuivre, mais l'hydrogène décompose l'oxyde de cuivre à chaud et met le cuivre en liberté. L'hydrogène et l'oxygène se sont unis pour donner de l'eau.

Il y a donc une gradation dans l'énergie avec laquelle l'hydrogène et le cuivre s'unissent à l'oxygène. D'autre part, puisque nous pouvons combiner l'oxygène au cuivre, puis

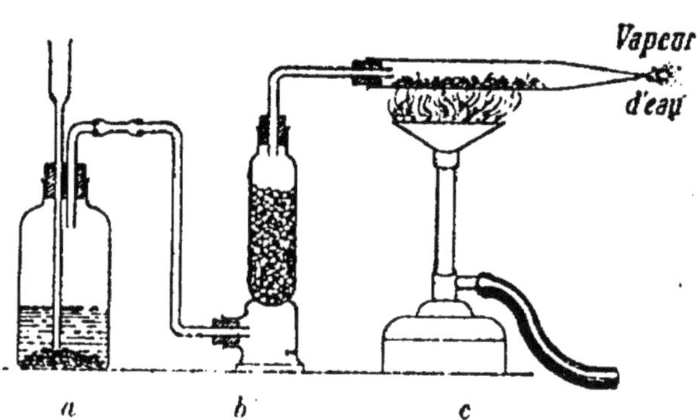

Fig. 17. — Réduction de l'oxyde de cuivre par l'hydrogène.

a, appareil producteur d'hydrogène.
b, appareil desséchant.
c, tube à oxyde de cuivre.

décomposer l'oxyde formé par l'hydrogène, tout ceci revient en définitive à effectuer une synthèse de l'eau.

C'est sur ce principe que repose une méthode pour déterminer la composition de l'eau en poids.

Plaçons de l'oxyde de cuivre noir dans un tube en verre peu fusible c que nous chauffons vers 400°, et faisons-y arriver de l'hydrogène bien sec. Nous voyons bientôt la couleur noire de l'oxyde faire place à la teinte rouge du cuivre en même temps que du tube s'échappent des torrents de vapeur d'eau. Nous pourrions, en modifiant un peu le dispositif, recueillir cette eau dans des tubes desséchants que nous pèserions avant et après l'expérience, nous aurions le poids de l'eau formée, soit P.

Pesant de même le tube à oxyde de cuivre avant et après l'expérience, la diminution de poids nous donnerait le poids d'oxygène combiné à l'hydrogène, soit p.

La différence $P - p$ représente le poids d'hydrogène.

On trouverait ainsi que 1g,01 d'hydrogène s'unit à 8g d'oxygène pour donner 9g,01 d'eau. On pourra, comme première approximation, fixer dans sa mémoire que l'eau est formée en poids de 1 d'hydrogène pour 8 d'oxygène.

9. Eaux potables. — Les eaux naturelles, avons-nous vu, renferment des gaz en dissolution. Pour reconnaître la nature de ces gaz et les mesurer, on remplit complètement avec l'eau à analyser un ballon fermé par un bouchon ; celui-ci est traversé par un tube abducteur aboutissant sous une cloche pleine de mercure. On chauffe le ballon ; dès que l'eau bout et même avant, les gaz sont chassés et on les recueille pour les analyser. Un litre d'eau de pluie dégage 23cm³ de gaz, savoir : 15cm³ d'azote, 7cm³,5 d'oxygène et 0cm³,5 de gaz carbonique. Ces gaz ont été empruntés à l'air.

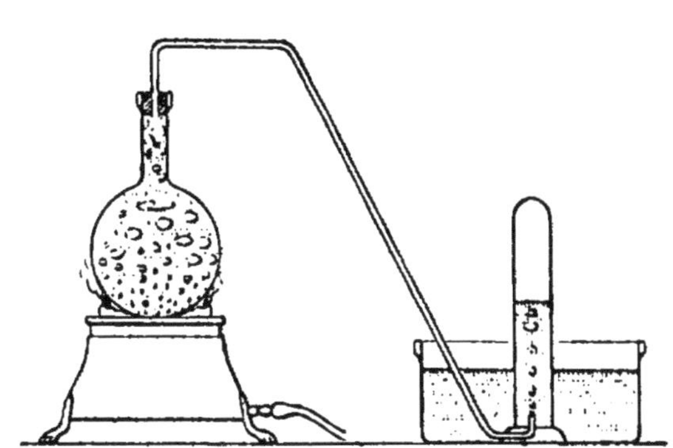

Fig. 18. — Extraction des gaz dissous dans l'eau.

Un litre d'une eau courante, d'eau de Seine par exemple, dégage en moyenne 20$^{cm^3}$ d'azote, 10 d'oxygène et 20 de gaz carbonique. En même temps l'eau se trouble par l'ébullition; on trouvera plus loin l'explication de ce phénomène.

Les eaux naturelles tiennent en outre en dissolution des substances solides empruntées aux terrains qu'elles ont traversés. Nous avons vu que si l'on évapore ces eaux dans une capsule de platine, elles laissent un résidu plus ou moins abondant.

Nous apprendrons à connaître la composition de ce résidu. Sachons seulement que, pour être potable, une eau doit être aérée, fraîche, limpide, d'une saveur agréable et sans odeur; elle doit renfermer par litre de 0g,1 à 0g,5 de matières solides; en dessous de ces limites elle est fade, en dessus elle est dure et ne se prête ni au savonnage, ni à la cuisson des légumes, ni à l'alimentation.

Enfin, des eaux plus particulièrement dangereuses pour l'alimentation sont celles qui peuvent se putréfier par suite de la présence de matières organiques ou qui tiennent en suspension des micro-organismes (microbes). On les débarrasse de ces derniers soit en les filtrant à travers une couche de sable, soit à travers un filtre ou bougie de porcelaine dégourdie.

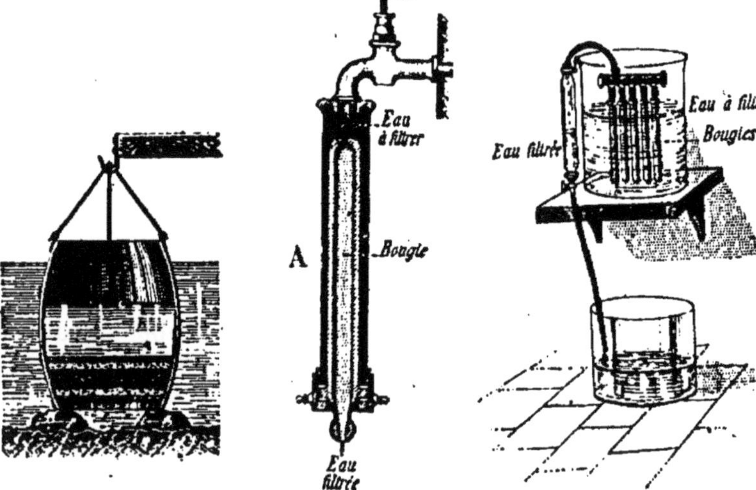

Fig. 19. — Filtration de l'eau à travers le charbon.

Fig. 20. — Filtres Chamberland. A, avec pression — B, sans pression.

Mais le moyen le plus sûr est de faire bouillir l'eau, de façon à détruire tous les germes de maladie qu'elle peut contenir. Il faut seulement avoir soin, avant d'absorber l'eau bouillie, de la laisser s'aérer de nouveau, sinon elle est fade et indigeste.

10. Hydrogène. — Nous savons déjà préparer l'hydrogène soit en électrolysant l'eau, et c'est là une méthode industrielle, soit en décomposant l'eau par le fer.

On achète aujourd'hui l'hydrogène, comme l'oxygène, enfermé sous une pression de 120 atmosphères, dans des bouteilles en acier.

Dans les laboratoires on prépare commodément l'hydrogène en faisant agir du zinc sur de l'acide sulfurique étendu d'eau.

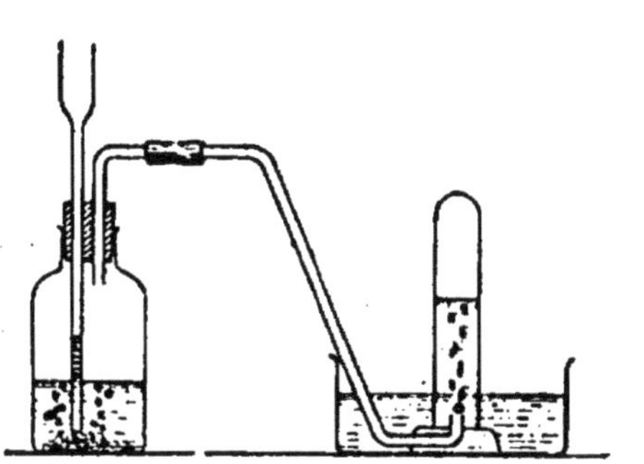

Fig. 21. — Préparation de l'hydrogène.

Un flacon à goulot large, appelé col droit, contient de la grenaille de zinc et de l'eau. Il est fermé par un bouchon que traversent deux tubes : un tube à entonnoir qui plonge dans l'eau du flacon, un' tube abducteur qui aboutit dans une cuvette contenant de l'eau.

Le tube à entonnoir permet de verser, par petites portions, de l'acide sulfurique, vulgairement appelé huile de vitriol, de façon à obtenir un dégagement régulier d'hydrogène que l'on recueille dans des éprouvettes renversées sur la cuve à eau.

Le sulfate de zinc qui prend naissance se dissout car lorsque la réaction est terminée, que l'acide sulfurique a été complètement épuisé par le zinc, si on enlève l'excès de métal non attaqué et si on évapore doucement l'eau du flacon, on obtient un résidu blanc très abondant de sulfate de zinc.

L'acide sulfurique est formé de :	Le sulfate de zinc est formé de :
Soufre	Soufre
Oxygène	Oxygène
Hydrogène	Zinc

Le zinc a donc déplacé l'hydrogène de l'acide sulfurique [1] ; nous appellerons *sels* les composés qui, comme le sulfate de zinc, résultent du remplacement de l'hydrogène d'un acide par un métal.

L'acide sulfurique n'est pas le seul acide, le zinc n'est pas le seul métal qui pourraient servir à la préparation de l'hydrogène.

Propriétés physiques. — L'hydrogène est un gaz incolore, inodore quand il est pur, très léger ; un litre d'hydrogène pèse, dans les conditions normales de température et de pression, 89^{mg} ; l'hydrogène est donc quatorze fois plus léger que l'air et seize fois plus que l'oxygène. Cette légèreté le fait employer, comme on sait, pour gonfler les aérostats.

L'hydrogène se maintient longtemps dans une éprouvette dont l'ouverture est tournée vers le bas; on peut transvaser ce gaz d'une éprouvette A dans une autre B d'abord remplie d'air.

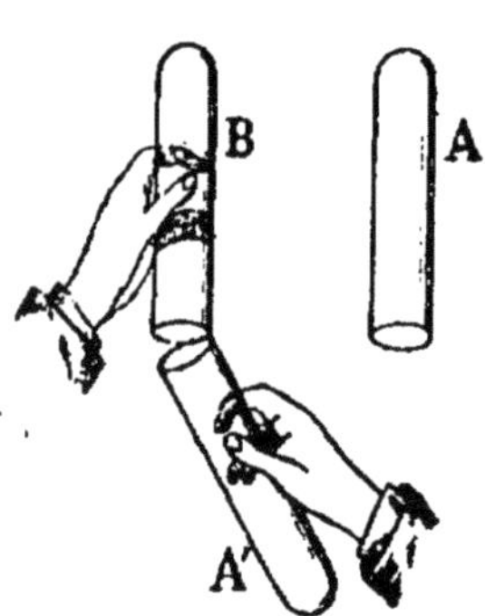

Fig. 22. — Transvasement de l'hydrogène.

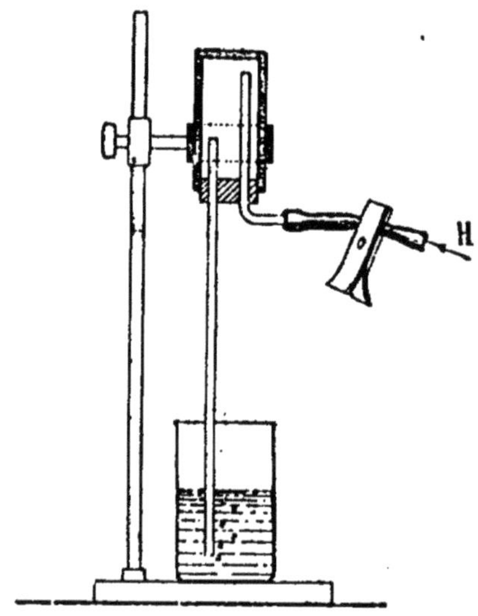

Fig. 23. — Diffusibilité de l'hydrogène.

---

[1] Plus tard, nous écrirons l'équation :

$$SO^4H^2 + Zn = SO^4Zn + 2H.$$

L'hydrogène, gaz léger, traverse avec une grande rapidité les corps poreux. Un vase de pile, en terre poreuse, est fermé par un bouchon muni d'un tube vertical plongeant dans de l'eau rougie et d'un autre tube par où arrive l'hydrogène. Au bout d'un moment on interrompt, au moyen d'une pince, l'arrivée de l'hydrogène. Ce gaz s'échappe alors du vase poreux quatre fois plus vite que l'air n'y rentre, un vide partiel se produit et l'eau rougie s'élève dans le tube vertical.

Enfin l'hydrogène est peu soluble dans l'eau (2 °/₀) ; c'est, de tous les gaz, à l'exception de l'Hélium, le plus difficile à liquéfier ; il bout à — 252°, son point critique est voisin de — 241° sous 15 atmosphères; on a pu le solidifier à — 258°.

Propriétés chimiques. — L'hydrogène se combine à l'oxygène pour donner de l'eau ; ces deux gaz s'unissent, nous l'avons vu, avec une grande violence (gaz tonnant). La combinaison de l'hydrogène et de l'oxygène dégage une grande quantité de chaleur et peut produire une température de 2000° que l'on utilise au moyen du *chalumeau oxyhydrique*.

Celui-ci est formé de deux tubes en laiton pénétrant l'un dans l'autre; le tube intérieur sert à l'arrivée de l'oxygène et se termine par un ajutage en cuivre ou en platine, c'est-à-dire formé d'un métal peu fusible; par l'espace annulaire on fait arriver de l'hydrogène (ou du gaz d'éclairage).

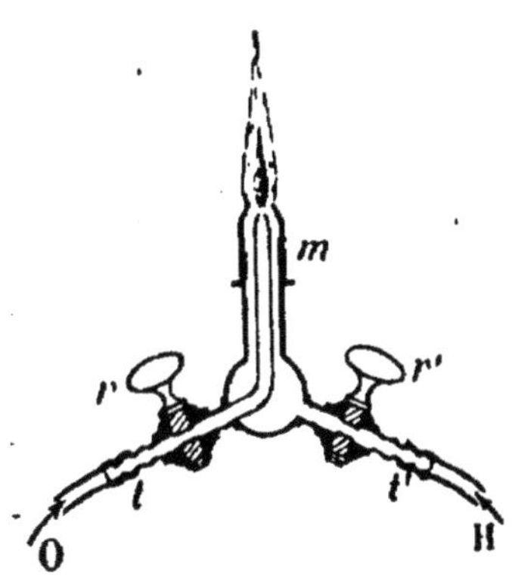

Fig. 24. — Chalumeau oxyhydrique.

On enflamme d'abord celui-ci dans l'air, puis on ouvre le robinet *r* et on le règle de façon à obtenir une flamme pâle, allongée en pointe et silencieuse ; les deux gaz sont alors dans les proportions les plus convenables pour obtenir la température maximum. Un fil de platine introduit dans la flamme y fond instantanément.

On utilise le chalumeau oxyhydrique pour fondre le platine et pour souder les métaux peu fusibles, sans interposition de soudure au plomb et à l'étain : c'est la *soudure autogène*. En remplaçant l'hydrogène par un autre gaz, l'acétylène, on a pu réaliser la soudure autogène du fer et de l'acier. On remplace ainsi facilement des tôles de chaudières ou portions de coques de navires.

Inversement, le chalumeau oxyhydrique et, mieux encore, le chalumeau à oxygène et acétylène servent au *coupage des métaux*. Si on dirige sur l'extrémité d'une tige de fer le dard du chalumeau oxyhydrique, celle-ci est bientôt portée au rouge blanc et fondue; on réduit alors l'arrivée de l'hydrogène et on force le jet d'oxygène : le fer brûle en projetant une gerbe de gouttelettes d'oxyde de fer fondu. Cette classique expérience de cours, répétée avec des appareils plus puissants, permet de fondre rapidement les rivets et de découper avec une vitesse de vingt mètres à l'heure, des tôles de 25 millimètres. Il n'y a pas de coffre-fort qui ne pourra être découpé comme à l'emporte-pièce par le chalumeau à gaz oxygène-acétylène.

Si on dirige la flamme du chalumeau oxyhydrique sur un bloc de chaux vive ou de magnésie, celui-ci prend un éclat éblouissant : c'est la lumière Drummond. Remarquons en passant que l'éclairage par les manchons incandescents repose sur un principe analogue : rendre lumineux un solide convenablement choisi, en le chauffant au moyen d'une flamme pâle, mais très chaude.

Quand l'hydrogène brûle à l'air, il s'unit à l'oxygène de l'air pour donner de l'eau. *L'expérience de Cavendish*

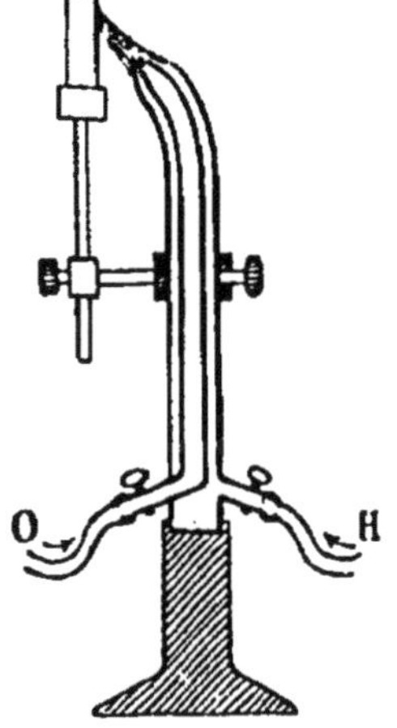

Fig. 25. — Lumière Drummond.

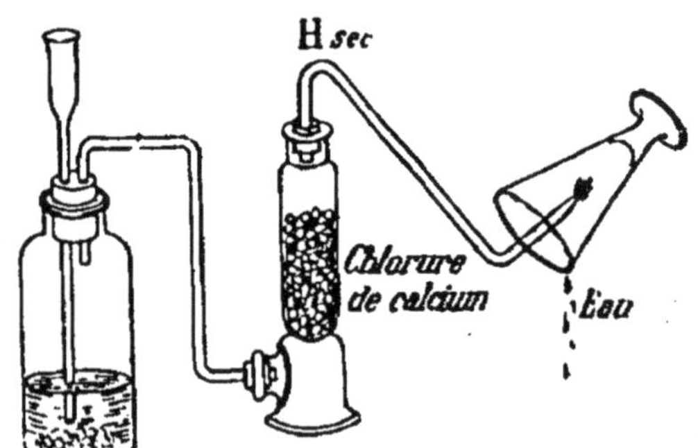

Fig. 26. — Expérience de Cavendish.

consiste à enflammer un jet d'hydrogène, préalablement desséché sur une colonne de *chlorure de calcium*. On recouvre la flamme avec une cloche; bientôt, sur les parois de celle-ci, on voit ruisseler les gouttes d'eau.

L'hydrogène donne de même avec l'air un mélange tonnant, moins violent cependant qu'avec l'oxygène. Aussi ne faut-il allumer un jet d'hydrogène ou ne chauffer un appareil plein de ce gaz qu'après s'être assuré que l'air en a été préalablement chassé.

Puisque l'air et l'hydrogène forment un mélange tonnant, nous pouvons faire passer dans l'eudiomètre 20^{cm^3} d'air et 20^{cm^3} d'hydrogène, et constater, qu'après la combustion, le résidu gazeux est seulement de $27^{cm^3},4$. Il a donc disparu $12^{cm^3},6$ de gaz, savoir : $4^{cm^3},2$ d'oxygène et $8^{cm^3},4$ d'hydrogène. On vérifierait facilement que le résidu est formé de $11^{cm^3},6$ d'hydrogène et $15^{cm^3},8$ d'azote. Ainsi 20^{cm^3} d'air renferment bien $4^{cm^3},2$ d'oxygène, soit 21 °/₀. Nous venons d'effectuer l'*analyse eudiométrique de l'air*.

Puisque l'hydrogène se combine violemment à l'oxygène pour donner de l'eau, il doit s'emparer de l'oxygène des oxydes métalliques. Ainsi nous avons vu l'action de l'hydrogène sur l'oxyde de cuivre noir. Celui-ci est ramené à l'état de cuivre et cède son oxygène à l'hydrogène. On dit que l'hydrogène a *réduit* l'oxyde de cuivre, l'hydrogène est un *réducteur* (1).

LOIS FONDAMENTALES. — NOTATION

Nous avons vu que l'eau est un *composé* formé par l'union de l'hydrogène et de l'oxygène. Ceux-ci sont des *éléments* ou *corps simples*. On n'a pas pu en effet les dédoubler jusqu'ici en des éléments plus simples encore.

---

(1) L'étude des propriétés chimiques d'un corps comprend l'action de celui-ci sur les différents éléments ou composés. Nous serons donc amenés, dans la suite, à compléter nos connaissances sur les propriétés chimiques de l'hydrogène.

11. Principaux corps simples. — Les éléments aujourd'hui connus sont au nombre de 80 environ, nous les classerons en *métalloïdes* et *métaux*.

Parmi les métalloïdes nous étudierons dans la suite : l'oxygène, l'azote et le chlore qui sont des gaz ; le soufre, le phosphore et le charbon qui sont des solides à la température ordinaire.

Citons parmi les métaux : le sodium, le potassium, le calcium, l'aluminium, le magnésium qui sont des métaux légers ; puis le zinc, le fer, le manganèse, le nickel, le cuivre, le mercure, l'argent, l'or et le platine qui sont des métaux lourds.

Le mercure est liquide à la température ordinaire.

Le gaz hydrogène est très différent des métaux, bien que dans l'électrolyse il se porte comme eux à la sortie du courant ; mais il est encore plus différent des métalloïdes.

12. Conservation de la masse. — Lorsqu'un corps brûle, il semble parfois que ce corps disparaisse peu à peu, de sorte que l'on est tenté de dire : un corps qui brûle diminue de poids. Ainsi une lampe allumée et d'abord pleine d'huile finit par se vider. En réalité les produits de la combustion s'échappent dans l'air et si on pouvait les recueillir, on constaterait que leur poids est la somme des poids de l'huile brûlée et de l'oxygène auquel l'huile s'est combinée.

Le produit de la combustion pèse donc autant que le combustible et l'oxygène réunis.

C'est ce que prouve aussi la deuxième partie de l'expérience de Lavoisier. En décomposant 2g,16 d'oxyde de mercure, il resterait dans le tube 2g de mercure et il se dégagerait dans l'éprouvette 112$^{cm^3}$ d'oxygène qui pèsent 0g,16.

On peut encore faire l'expérience que voici : au fond d'un ballon en verre mince bouché à l'émeri, on a placé un bâton de phosphore. Celui-ci s'oxyde lentement et cependant la masse du système demeure invariable. Mais, si on vient à ouvrir le ballon, de l'air y rentre pour remplacer l'oxygène combiné au phosphore et le poids du système augmente.

Plaçons d'autre part dans un tube en V fermé à la lampe deux réactifs quelconques, d'un côté de l'eau salée, de l'autre une dissolution de nitrate d'argent. Le tube étant taré, mélangeons les deux liqueurs ; une réaction se produit puisque nous voyons apparaître un précipité abondant (de chlorure d'argent) ; mais le poids du système n'a pas varié.

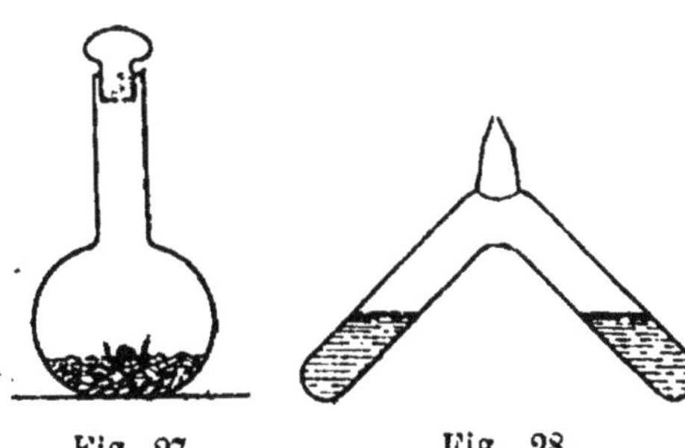

Fig. 27. Fig. 28.

Nous sommes ainsi conduits à l'énoncé de la loi fondamentale de la Chimie, **loi de la conservation de la masse ou loi de Lavoisier** :

La masse d'un composé est égale à la somme des masses des composants.

Plus généralement : *Lorsqu'un système isolé éprouve des transformations quelconques physiques ou chimiques, la masse totale du système reste invariable.*

En fait, cette loi n'a été que rarement l'objet d'une vérification directe et rigoureuse. Elle est plutôt vérifiée *a posteriori* par l'accord entre les conséquences que l'on en déduit et les résultats des analyses. Aussi préfère-t-on parfois la qualifier de *principe.*

13. **Proportions définies.** — L'eau est formée en poids de 1,01 d'hydrogène pour 8 d'oxygène.

L'eau pure a toujours exactement la même composition absolument invariable. L'eau distillée, l'eau de pluie privée par ébullition des gaz qu'elle a dissous, l'eau préparée synthétiquement, sont toujours formées de 1g,01 d'hydrogène pour 8g d'oxygène.

Nous verrons dans la suite la généralité de ce fait qui n'est pas spécial à l'eau et qui est une des lois fondamentales de la Chimie qu'on énonce de la façon suivante :

Loi des proportions définies : *Un composé chimique déterminé est toujours formé dans des proportions de poids invariables.*

Ou encore : *Lorsque deux corps simples se combinent pour donner naissance à un composé chi-*

mique déterminé, les poids de ces deux corps qui entrent en combinaison sont dans un rapport invariable.

14. Notation chimique. — Représentons par le *symbole* H un certain poids d'hydrogène et par le symbole O un poids 16 fois plus grand d'oxygène $\left(\text{exactement } \frac{16}{1,01}\right)$.

Alors si le symbole H représente 1g,01 d'hydrogène, le symbole O représentera 16g d'oxygène; si le symbole H représente 1kg,01 d'hydrogène, le symbole O représentera 16kg d'oxygène.

On voit donc que les symboles chimiques ne représentent que des *rapports* de poids, des nombres. Cependant on appelle *poids atomiques* les nombres représentés par les symboles.

Ainsi le poids atomique de l'hydrogène est H = 1,01 celui de l'oxygène est O = 16.

Voici les *symboles* et les *poids atomiques* adoptés pour les principaux corps simples [1] :

Oxygène. . . .	O = 16	Magnésium .	Mg = 24,4
Hydrogène . .	H = 1,01	Aluminium .	Al = 27,1
(usuellement 1)		Zinc.	Zn = 65,4
Azote [2] . . .	N = 14	Fer	Fe = 56
Chlore	Cl = 35,5	Manganèse. .	Mn = 55
Soufre	S = 32	Étain	Sn = 119
Phosphore . .	P = 31	Plomb. . . .	Pb = 207
Carbone. . . .	C = 12	Cuivre. . . .	Cu = 63,6
Silicium . . .	Si = 28,4	Mercure . . .	Hg = 200
Sodium	Na = 23	Argent. . . .	Ag = 108
Potassium . .	K = 39,1	Or.	Au = 197,2
Calcium . . .	Ca = 40	Platine. . . .	Pt = 194,8

---

[1] Nous donnons ces nombres à titre de renseignement; l'usage les gravera peu à peu dans la mémoire; il serait fastidieux de chercher à les retenir.

[2] Sauf en France, où l'on se sert encore du symbole Az, le symbole adopté partout pour l'azote est N (dérivé de nitrogène.)

Formules. — On peut aussi attribuer des formules symboliques aux corps composés.

Ainsi à l'eau qui renferme pour 16 d'oxygène, 2 × 1,01 d'hydrogène, on attribue la formule HHO ou, en abrégé, H^2O (H^2 représentant 2H).

Dès lors la formule H^2O représente 18,02 d'eau, formés de 2,02 d'hydrogène et de 16 d'oxygène.

Le nombre représenté par une formule sera dit le *poids moléculaire* du composé.

Ainsi 18,02 est le poids moléculaire de l'eau.

Équations. — Quand l'hydrogène brûle dans l'oxygène, nous représentons la réaction par l'équation

$$2H + O = H^2O$$

qui exprime que 2,02 d'hydrogène se combinent à 16 d'oxygène pour donner 18,02 d'eau ; le poids du composé est égal à la somme des poids des composants.

Dans une équation chimique la masse totale représentée par le premier membre est égale à la masse totale représentée par le second membre.

Ainsi ***une équation chimique est l'expression symbolique de la loi de la conservation de la masse.***

Volumes. — L'eau est formée, en poids, de 1,01 d'hydrogène pour 8 d'oxygène; ou de deux volumes d'hydrogène pour un volume d'oxygène.

$1^g,01$ d'hydrogène occupe (à 0° et sous la pression de 760^{mm}) $11^l,2$.

$11^l,2$ sera aussi le volume occupé par 16^g d'oxygène.

Ainsi les symboles H et O représentent des poids différents mais des volumes égaux.

Voici les noms, les symboles et les poids atomiques des *cinq* corps simples qui sont gazeux à la température ordinaire (abstraction faite des gaz rares de l'air) :

Hydrogène.	H = [illegible]
Oxygène.	O = [illegible]
Azote.	N = [illegible]
Chlore.	Cl = [illegible]
Fluor.	F = 19

1^g d'hydrogène, 16^g, d'oxygène, 4^g d'azote, $35^g,5$ de chlore, 19^g de fluor, occupent $11^l,2$ à 0° sous la pression de 760^{mm}. —

Mais il ne faudrait pas chercher à généraliser cette remarque.

15. Quelques formules. Quelques équations. — En brûlant dans l'oxygène, 63,6 de cuivre, 200 de mercure, 24 de magnésium, 42 de fer $\left(\frac{56 \times 3}{4}\right)$ se combinent à 16 d'oxygène; CuO sera la formule de l'oxyde de cuivre noir, HgO de l'oxyde rouge de mercure, MgO de la magnésie, Fe^3O^4 de l'oxyde magnétique de fer.

Les équations

$$Cu + O = CuO,$$
$$Hg + O = HgO,$$
$$Mg + O = MgO,$$
$$3Fe + 4O = Fe^3O^4$$

représentent ces combustions.

Tandis que les équations

$$HgO = Hg + O,$$
$$CuO + 2H = Cu + H^2O,$$
$$3Fe + 4H^2O = Fe^3O^4 + 8H$$

représentent l'une la *préparation de l'oxygène par l'oxyde de mercure*, l'autre la *réduction de l'oxyde de cuivre par l'hydrogène avec formation d'eau* la troisième enfin, l'*analyse de l'eau par le fer chauffé au rouge.*

Applications. — **1re application.** — Combien peut-on préparer de litres d'*oxygène* avec 50g d'*oxyde de mercure?*

On a établi l'équation

$$HgO = Hg + O,$$

qui exprime que 216g d'oxyde rouge dégagent 16g d'oxygène occupant 11l,2; 1g en donnera donc 216 fois moins, et 50g donneront $\frac{16 \times 50}{216} = 3^{g},7$ d'oxygène occupant

$$\frac{11^{l},2 \times 50}{216} = 2^{l},59.$$

2e application. — L'*acide sulfurique* formé de 32 de soufre, 64 d'oxygène et 2 d'hydrogène sera représenté plus tard par la formule SO^4H^2; tandis que le sulfate de zinc formé de 32 de soufre, 64 d'oxygène et 65,4 de zinc correspond à la formule SO^4Zn.

L'équation

$$Zn + SO^4H^2 = SO^4Zn + 2H$$

représente la *préparation usuelle de l'hydrogène.*

Combien avec 5^g de zinc peut-on préparer d'hydrogène, en supposant bien entendu que l'on dispose *d'un excès* d'acide sulfurique étendu?

Avec $65^g,4$ de zinc on obtiendrait 2^g d'hydrogène occupant $22^l,4$.

Donc avec 5^g de zinc on aura $\frac{2 \times 5}{65,4} = 0^g,153$ d'hydrogène, occupant $\frac{22,4 \times 5}{65,4} = 1^l,71$.

3ᵉ application. — Connaissant la formule ClO^3K du chlorate de potassium qui nous a servi à préparer l'oxygène (6), avec $K = 39$, $Cl = 35,5$, $O = 16$, admettant que ce sel se décompose suivant l'équation

$$ClO^3K = KCl + 3O,$$

combien avec une tonne de chlorate peut-on préparer de mètres cubes d'oxygène?

Réponse : 274^{m^3}.

On voit, par ces exemples, quelle simplification apporte dans les calculs l'usage des formules et des équations symboliques.

CHLORE. — SODIUM

De même que l'analyse de l'air et de l'eau nous a conduits à étudier l'oxygène, l'azote et l'hydrogène, de même la décomposition du sel ordinaire va nous faire connaître deux nouveaux éléments : le sodium et le chlore.

16. Chlorure de sodium. — Électrolyse du sel fondu. — Le *sel de cuisine* est appelé encore le *sel marin* parce qu'on le retire de l'eau de mer en évaporant celle-ci au soleil ; nous verrons qu'on le trouve aussi dans les profondeurs du sol, on l'appelle alors le *sel gemme*.

Il se présente, quand il est pur, sous forme de cristaux

transparents, solubles dans l'eau et d'une saveur caractéristique.

Lorsqu'on chauffe les cristaux de gros sel, ils *décrépitent*; ils

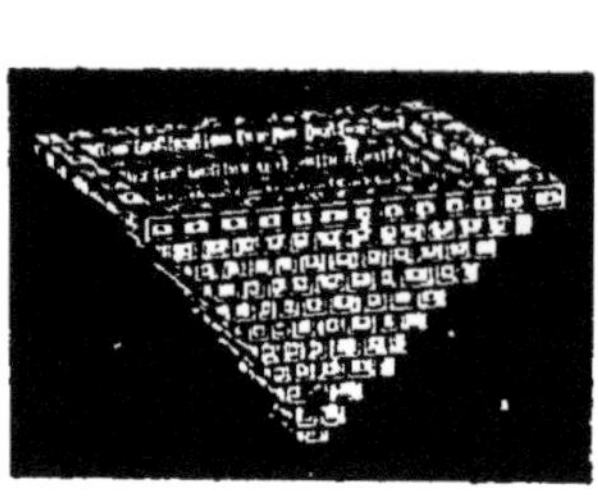

Fig. 29. — Trémie de sel marin.

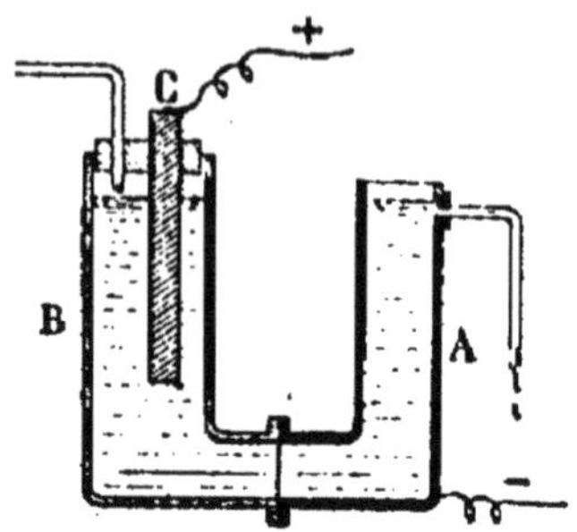

Fig. 30. — Appareil Borchers pour l'électrolyse du chlorure de sodium fondu.

retiennent en effet de l'eau qui, sous l'action de la chaleur, se vaporise et les fait éclater en produisant de petites explosions.

Le sel marin, chauffé au rouge, fond ; le sel fondu conduit le courant électrique ; en même temps, il se décompose en ses deux éléments : le chlore et le sodium :

$$NaCl = Na + Cl.$$

D'où son nom de *chlorure de sodium*.

L'appareil *pourrait* consister en une sorte de gros tube en U dont une branche A en fonte sert de cathode, tandis que dans l'autre branche B, en terre réfractaire, plonge une anode C en graphite. Le sel fondu remplit l'appareil. Un gaz se dégage en B : c'est du chlore ; nous l'étudierons bientôt. Un métal, le sodium, se rassemble en A et s'écoule ; on le recueille dans de l'huile de pétrole, où il se solidifie.

17. **Propriétés du sodium. — Amalgame.** — Le sodium est un *métal*, c'est-à-dire un élément ; il est mou et se coupe facilement au couteau ; il est blanc et présente un bel éclat métallique, mais il se ternit rapidement à l'air, en s'oxydant.

Il fond à 96° et bout au rouge.

Il est plus léger que l'eau ($d = 0,97$) et il décompose l'eau, nous l'avons vu (8), en donnant de la soude caustique et de l'hydrogène :

$$Na + H^2O = NaOH + H.$$

Il brûle dans l'oxygène en formant de l'oxyde de sodium Na^2O. Celui-ci se dissout dans l'eau en donnant de la soude caustique:

$$Na^2O + H^2O = 2NaOH.$$

Mais si l'on maintient du sodium à 300° dans un courant d'air sec, on obtient un *per*oxyde de sodium (oxylithe) qui, mis en présence de l'eau, dégage de l'oxygène.

$$Na^2O^2 + H^2O = 2\ NaOH + O.$$

C'est un procédé rapide mais parfois dangereux pour préparer l'oxygène.

Grâce à son affinité pour l'oxygène, le sodium est un puissant réducteur.

Le sodium agit aussi, vigoureusement sur le mercure : dans un verre, au fond duquel nous avons mis un peu de mercure, faisons tomber un petit morceau de sodium ; nous l'écrasons avec une baguette jusqu'à ce que le métal, protégé d'abord par une couche d'oxyde, vienne au contact du mercure ; il se dissout alors brusquement et donne avec le mercure un alliage, l'*amalgame de sodium*. Si à ce moment on ajoute de petits fragments de sodium, mais avec précaution parce que la masse s'échauffe et la réaction peut devenir violente, par refroidissement on peut obtenir des cristaux d'un composé défini : $Hg^{12}Na^2$ lorsqu'on a ajouté une quantité suffisante de sodium.

L'amalgame de sodium est décomposé *lentement* par l'eau en donnant de la soude, de l'hydrogène et du mercure.

18. Électrolyse de l'eau salée. — Soude caustique. — Un tube à entonnoir, recourbé, contient un peu de mercure et, au-dessus, de l'eau saturée de sel. Dans celle-ci plonge une anode de graphite maintenue par un bouchon ; le mercure et un fil de platine servent de cathode. Le sel se décompose en un gaz jaune verdâtre, le *chlore*, qui se dégage et que l'on peut recueillir, et en sodium qui s'amalgame à la cathode. On peut reprendre cet amalgame, le distiller à l'abri de l'air de façon à chasser le mercure ; il restera du sodium.

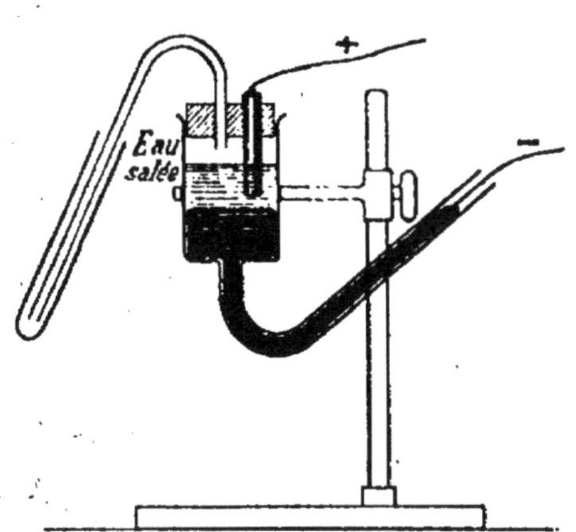

Fig. 31. — Électrolyse de l'eau salée.

Mais on peut aussi agiter l'amalgame avec de l'eau ; on a alors une solution de soude caustique qui bleuit le tournesol.

C'est là le *principe* d'une préparation industrielle de la soude caustique.

La solution obtenue peut être rapidement concentrée, chauffée jusqu'au rouge dans une capsule d'argent, puis coulée sur une table de marbre ; elle se solidifie ; on la concasse en plaques blanches et translucides que l'on conserve dans des flacons bien bouchés.

On trouve dans l'eau de mer un autre sel, le *chlorure de potassium*, KCl, qui ressemble beaucoup au chlorure de sodium.

Le *potassium* est un métal mou qui décompose l'eau violemment en donnant de l'hydrogène et de la *potasse* caustique KOH.

La potasse est un alcali qui ressemble à la soude, comme le potassium ressemble au sodium.

19. Chlore. Cl = 35,5. — Le chlore est un gaz jaune verdâtre, d'une odeur irritante ; respiré en quantité, il peut provoquer des crachements de sang. C'est un gaz lourd, 1^l pèse $3^g,17$, $11^l,2$ pèsent $35^g,5$.

Le chlore liquide bout à — 33°,6, sa tension maximum à 15° est de 57 atm. ; en Allemagne l'industrie livre le chlore liquide et sec dans des tubes d'acier.

Le chlore est assez soluble dans l'eau (3 vol. dans 1 vol. d'eau à la température ordinaire) ; la dissolution, appelée *eau de chlore*, doit être conservée à l'obscurité ou dans des flacons noirs, pour éviter la décomposition de l'eau par le chlore (voir plus loin). L'eau saturée de chlore à 0° abandonne des cristaux de chlore hydraté ayant probablement pour formule

$$Cl^2.6H^2O.$$

Propriétés chimiques. — Le chlore est, comme l'oxygène, remarquable par l'énergie de ses propriétés chimiques.

La plupart des éléments se combinent *directement* au chlore, le fluor, l'oxygène, le charbon et l'azote exceptés. Nous verrons que le soufre et le phosphore réagissent énergiquement.

Les *métaux* brûlent dans le chlore ; le sodium est transformé en chlorure de sodium :

$$Na + Cl = NaCl.$$

Un gros fil de cuivre rougi au feu brûle dans le chlore et

donne des gouttelettes de chlorure de cuivre, qui tombent au fond du flacon où se fait la *combustion*.

Le chlore attaque le mercure à froid, d'où l'impossibilité de recueillir ce gaz sur le mercure. L'eau de chlore, ou le chlore liquide en tube scellé, attaquent même l'or et le platine.

Mais c'est l'étude de l'action du chlore sur l'hydrogène et du composé qui en résulte, l'acide chlorhydrique, qui va vraiment nous montrer la différence profonde qu'il y a entre le chlore et l'oxygène, entre l'acide chlorhydrique et l'eau (1).

Action sur l'hydrogène. — Le chlore et l'hydrogène n'ont pas d'action l'un sur l'autre dans l'obscurité; à la lumière diffuse, ils réagissent lentement et donnent du gaz chlorhydrique, HCl ; nous y reviendrons bientôt.

Si on mélange dans un flacon des volumes égaux des deux gaz, puis qu'au moyen d'un miroir on dirige un rayon de soleil sur le flacon, celui-ci vole en éclats. La réaction est moins violente si on allume le mélange avec une flamme, ou si on remplace la lumière solaire par celle du magnésium.

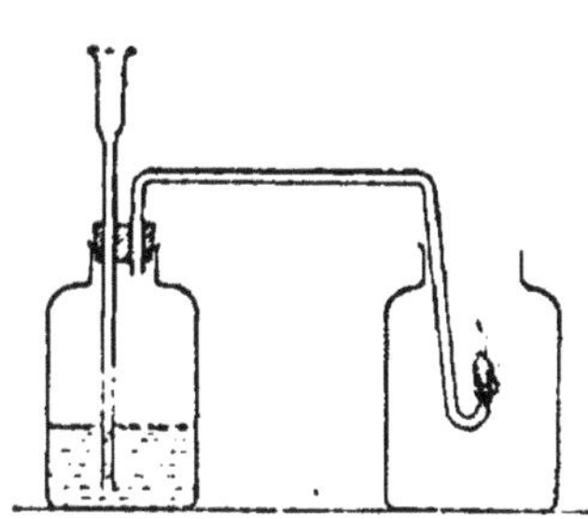

Fig. 32. — Combustion de l'hydrogène dans le chlore.

Le plus simple est encore d'allumer un jet d'hydrogène (2) à l'extrémité d'un tube de verre et de le porter dans un flacon plein de chlore, l'hydrogène continue à brûler.

L'énergie avec laquelle le chlore se combine à l'hydrogène explique que *l'eau soit décomposée par le chlore*. La réaction, lente à la température ordinaire et à la lumière, se produit régulièrement au rouge. On envoie un courant

(1) On ne saurait trop recommander aux débutants de s'exercer à comparer deux à deux les différents corps ; la connaissance approfondie des analogies et des différences est l'essence même des Sciences de la nature ; aucune autre méthode de travail n'est plus féconde pour celui qui veut arriver à *savoir* de la Chimie.

(2) L'expérience est facile à réaliser lorsqu'on substitue à l'appareil à préparer l'hydrogène, indiqué sur la figure, un récipient à hydrogène comprimé.

de chlore dans une cornue où l'on fait bouillir de l'eau ; le mélange de chlore et de vapeur d'eau passe dans un tube de porcelaine chauffé au rouge ; il sort de l'appareil un mélange de chlore, de vapeur d'eau, de gaz chlorhydrique et d'oxygène. Ces gaz sont recueillis sur l'eau et agités dans

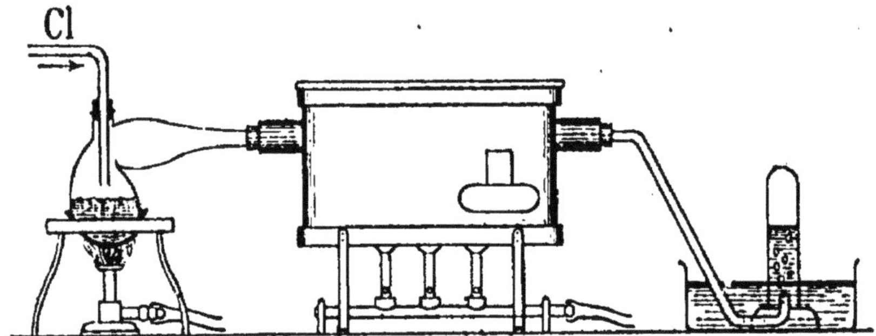

Fig. 33. — Décomposition de la vapeur d'eau par le chlore.

une éprouvette avec un fragment de soude caustique qui absorbe le chlore et le gaz chlorhydrique (comme nous le verrons dans la suite) et il reste de l'oxygène qui rallume une allumette.

On a eu la réaction

$$2Cl + H^2O = 2HCl + O,$$

mais la *réaction a été incomplète* puisqu'il sortait du tube encore de la vapeur d'eau et du chlore.

Ainsi le chlore a une tendance marquée à s'emparer de l'hydrogène de l'eau et à libérer l'oxygène ; celui-ci pourra se fixer sur d'autres corps, et ceci explique que *l'eau de chlore ait des propriétés oxydantes.*

Les *oxydants* sont les composés ou les mélanges qui cèdent facilement de l'oxygène aux réducteurs ; plus loin nous montrerons l'action oxydante de l'eau de chlore sur un *réducteur*, l'acide sulfureux.

L'eau de chlore oxyde et parfois *décolore* certaines matières organiques, l'indigo par exemple. De l'eau teintée en bleu par une goutte d'acide sulfindigotique est décolorée par une *trace* d'eau de chlore. L'indigo est un *réactif* du chlore libre.

Industrie et préparation du chlore. — Le chlore

sert au blanchiment de la toile et de la pâte à papier, à la fabrication de l'eau de Javel et du chlorure de chaux (voir ci-après).

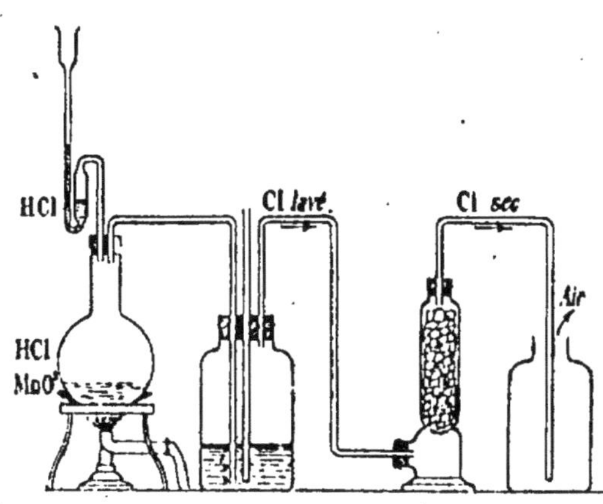

Fig. 34. — Préparation du chlore.

On l'obtient industriellement par les procédés les plus variés.

Outre les préparations électrolytiques indiquées plus haut, on prépare le chlore dans l'industrie et dans les laboratoires en attaquant par la solution commerciale d'acide chlorhydrique, le bioxyde de manganèse naturel concassé.

Celui-ci est une matière noire, dure, pesante. On le chauffe légèrement dans un ballon en verre avec un excès d'acide. On a la réaction

$$MnO^2 + 4\,HCl = 2Cl + MnCl^2 + 2H^2O\ ;$$

il se forme du chlore, du chlorure de manganèse et de l'eau.

Le gaz dégagé passe dans un premier flacon laveur contenant un peu d'eau pour arrêter le gaz chlorhydrique entraîné ; puis sur du *chlorure de calcium* qui dessèche le chlore. Dans les laboratoires, on recueille ce gaz par déplacement de l'air dans un flacon. Le chlore, plus lourd, s'accumule au fond du flacon où aboutit le tube abducteur puis bientôt le remplit complètement.

Ce mode de préparation est encore très employé dans l'industrie; il se complique de la nécessité où l'on est de régénérer le bioxyde de manganèse, produit assez coûteux.

Pour cette raison on a recours de préférence au *procédé Deacon*, dont voici simplement le principe.

Nous avons vu que, au rouge, le chlore décompose *partiellement* la vapeur d'eau ; il se forme un mélange de chlore, de vapeur d'eau, d'acide chlorhydrique et d'oxygène. Or inversement, au rouge vif, l'oxygène décompose partiellement le gaz chlorhydrique en chlore et vapeur d'eau. En présence des sels de cuivre la réaction s'établit au rouge sombre et donne 60 °/₀ du chlore contenu dans l'acide chlorhydrique.

Expérience. — Faisons arriver un courant d'air ou mieux d'oxygène dans un flacon laveur renfermant de l'acide chlorhydrique du commerce maintenu tiède ; l'oxygène entraîne du gaz chlorhydrique et le mélange des deux gaz arrive dans un tube de verre, chauffé vers 400° sur une grille à gaz et contenant de la pierre ponce imprégnée de sulfate de cuivre; l'oxygène réagit sur une partie du gaz chlorhydrique et donne du chlore et de la vapeur d'eau. Le gaz qui sort de l'appareil décolore l'indigo. Il attaque le mercure et s'y combine.

En résumé, l'industrie prépare le chlore par divers procédés : notamment par l'électrolyse du sel marin fondu ou dissous, et par oxydation de l'acide chlorhydrique à l'aide du bioxyde de manganèse ou de l'oxygène de l'air.

20. **Eau de Javel. — Chlorures décolorants.** — Une solution *étendue et refroidie* de potasse ou de soude absorbe le chlore et forme une liqueur, *l'eau de Javel*, qui a toutes les propriétés oxydantes et décolorantes du chlore, et qui est en effet employée pour le *blanchiment* et le nettoyage. Le chlore agissant sur la soude a donné la réaction

$$2\,Cl + 2\,NaOH = NaCl + ClONa + H^2O.$$

ClONa est de l'hypochlorite de sodium ; c'est le sel d'un *acide hypochloreux* ClOH qui, par lui-même, n'a pas d'importance pratique.

L'hypochlorite tend à donner du chlorure plus de l'oxygène, c'est donc un oxydant.

Si, dans la réaction précédente, on remplace la soude par de la chaux éteinte, celle-ci en absorbant le chlore se transforme en une poudre blanche, le *chlorure de chaux*, qui exposé à l'air, absorbe peu à peu le gaz carbonique et dégage du chlore, d'où son emploi comme désinfectant.

Le chlorure de chaux se dissout dans l'eau et donne alors du chlorure et de l'*hypochlorite de calcium*. Cette solution traitée par le carbonate de sodium sert aujourd'hui à préparer l'eau de Javel; on sépare seulement le carbonate de chaux précipité.

L'eau de Javel, le chlorure de chaux sont appelés quelquefois les *chlorures décolorants* ; ils constituent la forme industrielle et transportable du chlore.

Chlorate de potassium. — Si l'on fait arriver un courant de chlore en excès dans une solution chaude de potasse, l'hypochlorite se décompose; on a la réaction

$$6Cl + 6KOH = 5KCl + 3H^2O + ClO^3K.$$

On obtient du chlorate de potassium, sel blanc assez peu soluble dans l'eau froide, facile à séparer du chlorure de potassium.

C'est ce sel qui nous a servi à préparer l'oxygène. En effet, quand on le chauffe, il se décompose suivant l'équation:

$$ClO^3K = KCl + 3O.$$

C'est un oxydant très énergique employé dans la fabrication de certains explosifs brisants. On l'utilise aussi contre les maux de gorge.

Le chlorate de sodium est moins employé que le chlorate de potassium. Comme il est plus soluble, il est moins aisé à préparer, mais il est parfois d'un emploi plus commode.

Ce qui précède nous fait concevoir que si on électrolyse de l'eau salée, le sodium produit réagira sur l'eau pour donner de l'hydrogène et de la soude; celle-ci, avec le chlore, pourra donner à son tour, soit de l'eau de Javel, soit un chlorate, suivant la concentration et la température.

C'est là le principe du blanchiment par électrolyse et de la fabrication électrolytique des chlorates.

21. Acide chlorhydrique. — Ce gaz prend naissance par la combinaison directe du chlore et de l'hydrogène : deux flacons de même volume remplis par déplacement l'un de chlore, l'autre d'hydrogène, sont réunis par un rodage à robinet et abandonnés à la lumière diffuse. Au bout de quelques jours, la teinte verte du chlore a disparu ; si on ouvre l'un des flacons sur le mercure, celui-ci n'est pas atta-

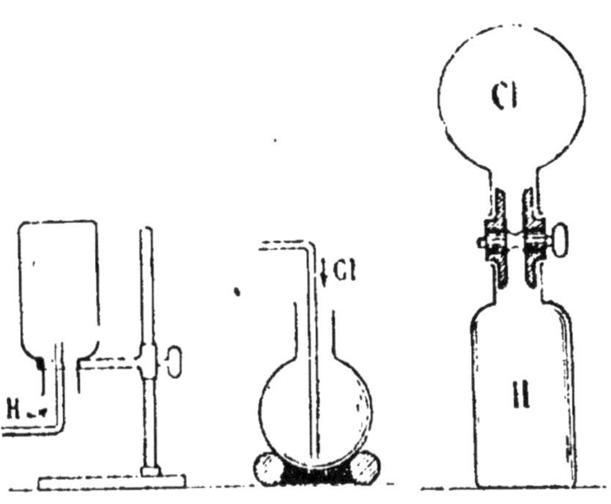

Fig. 35. — Synthèse du gaz chlorhydrique.

qué, il n'y a donc plus de chlore. En outre la pression intérieure n'a pas changé.

L'autre flacon, ouvert sur l'eau, se remplit complètement d'eau ; il ne renferme donc plus d'hydrogène, mais seulement du gaz chlorhydrique très soluble dans l'eau.

Ainsi *un litre de chlore et un litre d'hydrogène donnent exactement deux litres de gaz chlorhydrique.*

Remarquons que 1^g d'hydrogène, occupant $11^l,2$, se combine à $11^l,2$ de chlore, pesant $35^g,5$, pour donner $22^l,4$ de gaz chlorhydrique HCl pesant $36^g,5$. Par conséquent, si le symbole H représente 1^g ou $11^l,2$ d'hydrogène, la *formule* HCl représentera $36^g,5$ ou $22^l,4$ de gaz chlorhydrique. *La formule d'un composé gazeux représente, évaluée en grammes, la masse de ce gaz qui occupe $22^l,4$ à 0° et sous la pression de 760^{mm}.*

Propriétés du gaz chlorhydrique. — Le gaz chlorhydrique est incolore, d'une odeur piquante; 1^l de ce gaz pèse $1^g,64$. Il fume à l'air parce qu'il donne avec la vapeur d'eau de l'atmosphère une dissolution qui se condense en un brouillard de fines gouttelettes. Il est extrêmement soluble dans l'eau; si dans une éprouvette de 200^{cm^3} environ, placée sur la cuve à mercure et pleine de ce gaz, on fait passer un petit tube bouché à un bout et contenant un demi-centimètre cube d'eau, tout le gaz est absorbé par l'eau; l'eau dissout en effet 500 fois son volume de gaz chlorhydrique.

Cette solution est incolore mais la solution commerciale (acide chlorhydrique ordinaire) est colorée en jaune par des impuretés. Elle est plus lourde que l'eau et marque 22° à l'aréomètre de Baumé; elle renferme environ 260 fois son volume de gaz. Le gaz chlorhydrique sec est assez facile à liquéfier; il bout à — 83°,7.

Il n'entretient pas les combustions et il ne brûle pas. Cependant nous avons vu que dans des conditions particulières, il peut réagir sur l'oxygène de l'air et donner de l'eau et du chlore.

La solution de gaz chlorhydrique est un *acide* et un *acide énergique*; elle agit sur le *zinc*, tout comme l'*acide sulfurique*, en dégageant de l'hydrogène et en donnant un *sel* blanc, le *chlorure de zinc* :

$$Zn + 2\,HCl = ZnCl^2 + 2\,H\,;$$

c'est un procédé de préparation de l'hydrogène. Provisoirement, nous définirons les acides, des composés qui renferment de l'hydrogène susceptible d'être remplacé par un métal pour donner un sel.

De plus, l'acide chlorhydrique rougit la teinture bleue de *tournesol*, ou encore la solution de *méthylorange*. Ce sont là des réactions caractéristiques des acides forts. Le tournesol, le méthylorange s'appellent des *indicateurs colorés*.

Par contre, avons-nous dit, la soude caustique est un alcali. Elle ramène au bleu la teinture de tournesol rougie par un acide.

Soient deux solutions renfermant sous le même volume (100$^{cm^3}$ par exemple) l'une 40^g de soude caustique ($NaOH = 40$), l'autre 36^g,5 d'acide chlorhydrique.

Dans 100$^{cm^3}$ de la première, colorée en bleu par du tournesol, versons la deuxième solution, par petites portions. Dès que nous en avons ajouté 100$^{cm^3}$, le tournesol prend une teinte intermédiaire entre le rouge et le bleu (teinte de passage). Une goutte d'acide en plus rougirait le tournesol.

Si nous évaporons la liqueur obtenue, elle laisse 58^g,5 d'un sel blanc de saveur bien connue : le sel de cuisine.

Nous avons la réaction

$$\underset{40}{NaOH} + \underset{36,5}{HCl} = \underset{58,5}{NaCl} + \underset{18}{H^2O}.$$

La solution de sel est sans action sur le tournesol, elle laisse bleu le tournesol bleu, rouge le tournesol rouge, elle est *neutre*; l'acide chlorhydrique et la soude se sont *neutralisés* réciproquement.

L'*acide* chlorhydrique a agi sur un *alcali*, la soude, en donnant de l'eau et un *sel neutre*, le chlorure de sodium.

Celui-ci résulte donc bien du remplacement de l'hydrogène de l'acide par un métal.

Préparation du gaz chlorhydrique. — Dans les laboratoires on prépare le gaz chlorhydrique en chauffant l'acide pur du commerce avec de l'acide sulfurique concentré tombant goutte à goutte dans un ballon. L'acide sulfurique retient l'eau et le gaz chlorhydrique se dégage (*fig.* 36).

Mais on peut partir aussi du sel marin. En effet, si nous versons de l'acide sulfurique concentré sur quelques cristaux de sel marin placés au fond d'un verre, aussitôt se dégagent des fumées d'acide chlorhydrique, et il se forme en même temps du sulfate acide de sodium. Le sodium a remplacé l'hydrogène dans une partie de l'acide sulfurique pour donner du sulfate de sodium et cet hydrogène s'est uni au chlore pour donner du gaz chlorhydrique.

Dans les laboratoires on préparera donc l'acide chlorhydrique en chauffant *doucement* dans un ballon de l'acide sulfurique concentré avec du sel marin fondu et concassé. Avec les cristaux de gros sel ordinaire, la réaction est trop vive et la masse se boursoufle.

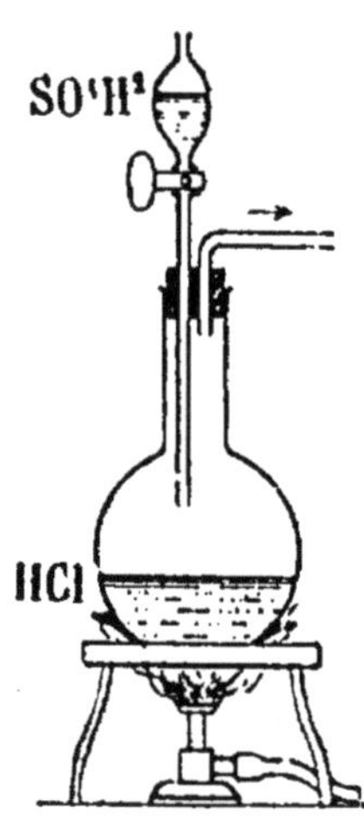

Fig. 36. — Préparation du gaz chlorhydrique.

Le gaz chlorhydrique se dégage, il passe dans un flacon laveur à acide sulfurique, puis sur du chlorure de calcium et on le recueille sur le mercure.

Le tube en S sert à verser l'acide sulfurique et à éviter que le bouchon ne saute (tube de sûreté).

Il reste dans le ballon du sulfate *acide* de sodium : la réaction a lieu en effet suivant l'équation

$$NaCl + SO^4H^2 = SO^4NaH + HCl.$$

SO^4NaH est bien un *sulfate acide* ; c'est en effet à la fois un sel de sodium et un acide, puisqu'il renferme encore de l'hydrogène remplaçable par du sodium.

Si on voulait préparer la solution de gaz chlorhydrique, on ferait passer ce gaz dans une série de flacons pleins d'eau.

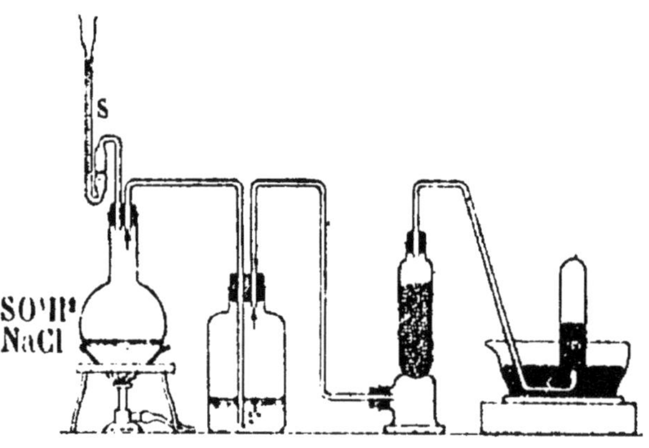

Fig. 37. — Autre préparation du gaz chlorhydrique.

Dans l'industrie on chauffe *fortement* le mélange de sel et d'acide sulfurique. On a alors la réaction

$$2\,NaCl + SO^4H^2 = SO^4Na^2 + 2HCl.$$

SO^4Na^2 est le sulfate *neutre* de sodium. Cette opération industrielle a surtout en vue la préparation de ce dernier sel ; nous la décrirons plus tard.

L'acide chlorhydrique sert à préparer le chlore et certains chlorures métalliques, à décaper les métaux. C'est donc un produit industriel important.

22. Chlorures. — Les chlorures sont les sels de l'acide chlorhydrique ou encore les composés du chlore avec les métaux. Il existe aussi des chlorures résultant de l'union du chlore avec les métalloïdes, mais ce ne sont plus des sels; ils n'ont ni les propriétés générales ni l'aspect particulier aux sels, aspect qui se retrouve si nettement chez les chlorures métalliques dont le sel type est précisément le chlorure de sodium.

Les chlorures métalliques sont en général bien cristallisés, solubles dans l'eau, assez fusibles et tous plus ou moins volatils à haute température.

Cependant certains chlorures sont insolubles, en particulier le chlorure d'argent.

Si à une solution d'un chlorure on ajoute quelques gouttes d'une solution d'azotate d'argent, on obtient un précipité blanc caillebotté de chlorure d'argent

$$NaCl + \underset{\text{azotate d'argent}}{NO^3Ag} = AgCl + NO^3Na.$$

On dit qu'entre les deux sels il s'est fait une *double décomposition*.

Cette *réaction* est *caractéristique* de l'acide chlorhydrique et des chlorures. Les eaux naturelles, qui renferment toujours des chlorures dissous, se troublent par l'azotate d'argent.

ACIDES, BASES, SELS. — NOMENCLATURE

23. Acides. — L'acide chlorhydrique est le type d'une nombreuse série de corps analogues que l'on appelle des *acides* et dont l'ensemble constitue la *fonction acide*.

Les corps peuvent en effet, d'après leurs propriétés chimiques, être partagés en un certain nombre de groupes, dans chacun desquels les corps présentent un caractère chimique spécial, commun à tous et qu'on appelle la *fonction chimique* du groupe. Ce caractère peut d'ailleurs être plus ou moins marqué, et nous verrons dans la suite qu'à côté des *acides forts*, comme l'acide chlorhydrique, il y a aussi des *acides faibles*.

Les *acides forts* sont solubles dans l'eau, leur solution rougit la teinture de tournesol et le méthylorange.

Leurs dissolutions agissent sur certains métaux, le zinc par exemple, en donnant un sel et de l'hydrogène. Les acides faibles agissent plus difficilement sur les métaux; mais tous les *acides sans exception agissent sur les alcalis pour donner un sel* l'acide *et de l'eau*.

Le sel ainsi formé diffère de l'acide primitif en ce que l'hydrogène de l'acide a été remplacé par un métal.

24. Bases. — La magnésie MgO est presque insoluble dans l'eau, mais elle se dissout dans l'acide chlorhydrique étendu en donnant du chlorure de magnésium et de l'eau; de même l'oxyde de mercure donne du chlorure de mercure :

$$MgO + 2HCl = MgCl^2 + H^2O,$$
$$HgO + 2HCl = HgCl^2 + H^2O.$$

Les oxydes qui donnent avec les acides des sels et de l'eau s'appellent des oxydes basiques, des bases.

La plupart d'entre eux se combinent à l'eau et donnent des hydrates :

$$MgO + H^2O = MgO^2H^2,$$
$$CuO + H^2O = CuO^2H^2,$$
$$CaO + H^2O = CaO^2H^2.$$

Ces hydrates sont généralement insolubles dans l'eau; mais les *alcalis*, comme la soude NaOH ou la chaux CaO^2H^2, sont des hydrates solubles et par conséquent susceptibles de bleuir le tournesol et de fixer le gaz carbonique pour donner des carbonates.

Les solutions alcalines rougissent par l'addition de quelques gouttes d'une solution alcoolique de phtaléine de phénol [1].

25. Métaux. — On appelle métaux, par opposition aux métalloïdes, les éléments qui donnent avec l'oxygène, *au moins un* oxyde basique. Ils se distinguent d'ailleurs des métalloïdes par un aspect particulier, l'éclat métallique, par leur conductibilité pour la chaleur et l'électricité et par certaines qualités physiques d'une grande importance pratique.

---

[1] Le tournesol, le méthylorange, la phtaléine sont des réactifs colorants ou encore des indicateurs colorés. Nous verrons, à propos de l'acide phosphorique, les services qu'ils peuvent rendre.

Valence. — Nous avons représenté le sel marin par la formule NaCl et le chlorure de magnésium par la formule $MgCl^2$.

En effet le chlorure de magnésium renferme, pour 35,5 de chlore, 12 de magnésium. Si, pour des raisons qui ne seront pas exposées ici, nous représentons le magnésium par le symbole Mg = 24, la formule du chlorure de magnésium sera $MgCl^2$. L'atome de magnésium remplace deux atomes d'hydrogène dans les acides ; le magnésium est *divalent*.

Le potassium, le sodium et l'argent sont monovalents : (KCl, NaCl, AgCl).

Le calcium, le magnésium, le zinc, le plomb, le cuivre, le mercure sont en général divalents ($CaCl^2$, $MgCl^2$, $ZnCl^2$, $PbCl^2$, $CuCl^2$, $HgCl^2$).

L'aluminium est trivalent ($AlCl^3$).

26. **Sels.** — Les sels sont généralement bien cristallisés, du moins ceux qui sont solubles dans l'eau ; les sels insolubles ne cristallisent que beaucoup plus difficilement ; cependant, dans la nature, on les trouve souvent à cet état.

Ils donnent souvent avec l'eau des composés bien définis que l'on appelle des hydrates, mais qu'il vaut mieux appeler des *sels hydratés*. Nous donnerons en effet tout à l'heure une autre définition du mot hydrate.

Le sulfate de sodium cristallise dans l'eau froide avec dix molécules d'eau : $SO^4Na^2 . 10 H^2O$, le sulfate de zinc cristallisé répond à la formule $SO^4Zn . 7 H^2O$.

Les sels hydratés chauffés plus ou moins au fond d'un tube à essai perdent de l'eau et donnent sur la partie froide du tube un dépôt de rosée (réaction de l'eau).

Enfin, et c'est là le caractère fondamental, *tout sel dissous dans l'eau est un électrolyte*. La solution conduit le courant électrique et en même temps le sel se décompose en deux portions : l'une, constituée par le métal, va à la cathode, l'autre se porte à l'anode.

Ainsi le chlorure de sodium donne du sodium et du chlore.

C'est là la définition la plus générale, la plus précise, la plus satisfaisante que l'on puisse donner d'un sel ; elle comprend les acides considérés comme les sels de l'hydrogène, et les hydrates basiques considérés comme les sels de l'eau.

La soude caustique NaOH est en effet de l'eau dans laquelle l'atome de sodium Na monovalent a remplacé un atome d'hydrogène.

La chaux éteinte $Ca(OH)^2$ résulte du remplacement de deux H par l'atome Ca divalent.

La soude caustique, la chaux sont donc bien à proprement parler des *hydrates*, c'est-à-dire des corps qui dérivent de l'eau en y remplaçant de l'hydrogène par un métal.

Enfin on peut appeler métal tout élément qui dans l'électrolyse peut jouer le rôle de cathion. A ce compte, l'hydrogène est un métal.

27. Nomenclature. — La nomenclature chimique est un ensemble de règles ou conventions de langage, ayant pour objet de donner aux corps des noms qui rappellent leur composition et parfois même certaines de leurs propriétés.

La nomenclature chimique repose sur la distinction fondamentale entre les éléments ou corps simples et les composés.

Aux éléments on donne des noms quelconques.

Parmi les composés on considère d'abord les *composés binaires*. On les désigne au moyen des noms des deux composants, en ajoutant la terminaison ... *ure* au nom de celui des composants qui dans l'électrolyse se porte à l'anode. Par conséquent, dans la combinaison d'un métalloïde et d'un métal, c'est toujours le métalloïde qui prend la terminaison ... *ure*.

Chlor*ure* de sodium.

La règle précédente souffre deux exceptions.

1° Les *acides* formés par la combinaison de l'hydrogène avec certains métalloïdes, le chlore par exemple, conservent leur dénomination d'*acide* auquel on ajoute un qualificatif formé par le nom du métalloïde suivi de la terminaison... *hydrique*.

Acide chlor*hydrique*.

2° Les composés de l'oxygène s'appellent des *oxydes* : oxyde de cuivre, oxyde de mercure.

Cependant les oxydes des métaux légers ont conservé leurs anciens noms : chaux, baryte, magnésie, alumine.

En outre certains oxydes donnent avec l'eau des acides ; on les appelle alors des *anhydrides*. Nous étudierons bientôt un oxyde du soufre, l'anhydride sulfurique SO^3, qui donne avec l'eau l'*acide sulfurique* :

$$SO^3 + H^2O = SO^4H^2.$$

Parmi les *composés ternaires*, les plus importants sont les acides et les sels oxygénés.

Les acides oxygénés renferment, en plus de l'oxygène et de l'hydrogène, un troisième élément. On les désigne en ajoutant au mot acide un qualificatif formé avec le nom de cet élément suivi de la terminaison *eux* ou *ique* :

ClO^3H acide chlor*ique*,
NO^2H acide azot*eux*.

La terminaison *eux* indique un degré d'oxydation moins avancé que la terminaison *ique*.

NO^2H acide azot*eux*,
NO^3H acide azot*ique*.

On emploie aussi des préfixes; *hypo* indique un degré inférieur, *per* un degré supérieur d'oxydation :

$ClOH$ acide *hypo*chloreux.
ClO^2H acide chloreux,
ClO^3H acide chlorique,
ClO^4H acide *per*chlorique [1].

Sels. — Pour désigner les sels, avec le qualificatif du nom de l'acide, on forme un substantif, en remplaçant la terminaison *ique* par la terminaison *ate*, la terminaison *eux* par la terminaison *ite*. On ajoute ensuite le nom du métal.

{ NO^2H acide azoteux,
{ NO^2Na azot*ite* de sodium,

{ NO^3H acide azotique,
{ NO^3Na azot*ate* de sodium,

{ SO^4H^2 acide sulfurique,
{ SO^4Cu sulf*ate* de cuivre.

Les sels binaires rentrent dans la règle générale :

HCl acide chlorhydrique,
$NaCl$ chlorure de sodium.

---

[1] Il est inutile de retenir les noms de ces composés que nous ne citons ici qu'à titre d'exemple.

SOUFRE

28. Soufre S = 32. — Le soufre se trouve dans les terrains volcaniques à l'état *natif*, c'est-à-dire simplement mé-

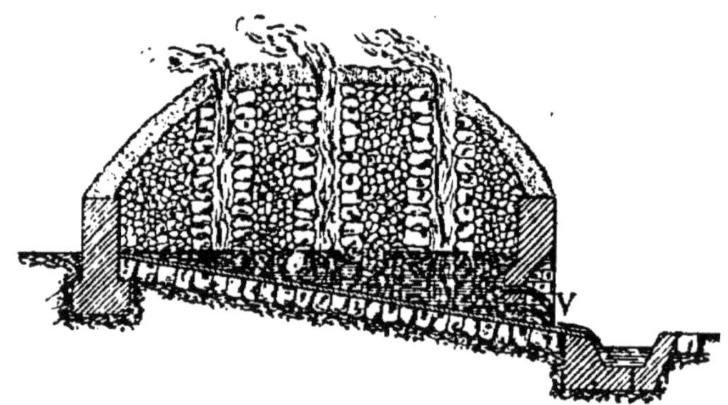

Fig. 38. — Procédé des calcaroni pour l'obtention du soufre brut.

langé avec de la terre dont on le débarrasse par fusion. Dans une fosse, dont le fond est légèrement incliné, on entasse du soufre et on ménage dans la masse des intervalles pour la circulation de l'air.

Par une ouverture V percée dans un mur antérieur, on introduit du bois enflammé ; la combustion se propage ; une portion du soufre brûle en produisant du *gaz sulfureux* et la chaleur dégagée suffit à fondre l'autre portion. Le soufre fondu s'écoule par l'ouverture V. On a ainsi du soufre brut.

Le pays principal producteur de soufre est la Sicile qui en exporte environ 500 000 tonnes par an. Il y a quelques années l'Amérique consommait le tiers de la production sicilienne.

Maintenant, au contraire, l'Amérique exploite les dépôts de la Louisiane par un procédé très curieux, qui consiste à envoyer par un tube en fer dans la profondeur du sol (100^m et plus) de l'eau surchauffée sous pression à 170°. Cette eau fond le soufre et le refoule dans un autre tube d'ascension jusqu'à la surface du sol. L'Europe reçoit d'Amérique du soufre brut aussi pur que du raffiné.

Le raffinage du soufre de Sicile s'effectue en grande partie à Marseille.

Pour raffiner le soufre brut, on le distille en le portant à l'ébullition dans des cylindres en fonte communiquant avec

Fig. 39. — Raffinage du soufre.

de grandes chambres en maçonnerie où la vapeur de soufre vient se condenser sous forme d'une poussière jaune très ténue (*fleur de soufre*). Si on mène la distillation plus rapidement, les parois de la chambre s'échauffent vers 120°, le soufre fond, ruisselle sur les parois et se rassemble sur le fond incliné de la chambre en un liquide que l'on recueille dans une marmite puis dans des cônes tronqués, en bois, entourés d'eau froide où le soufre se solidifie sous forme de *canons de soufre*.

Par la distillation de la *pyrite* (bisulfure de fer) en vase clos, on prépare aussi de grandes quantités de soufre :

$$3FeS^2 = 2S + Fe^3S^4.$$

Le soufre est un solide jaune citron, il ne conduit ni la chaleur, ni l'électricité, d'où son emploi comme isolant. Lorsqu'on tient dans la main un bâton de soufre, la chaleur de la main fait se dilater les couches extérieures, tandis que l'intérieur de la masse conserve son volume primitif; une dislocation se produit accompagnée de craquements.

Le soufre est insoluble dans l'eau, mais il est un peu soluble dans l'alcool, plus dans la benzine et surtout dans le sulfure de carbone. Cette dernière solution étant abandonnée à l'air, le sulfure de carbone s'évapore et le soufre se dépose en *cristaux* jaunes, transparents, en forme d'octaèdres tronqués; c'est le *soufre octaédrique*.

Cristaux. — Un cristal est un solide de forme régulière terminé par des plans que l'on appelle des faces et parallèles deux à deux.

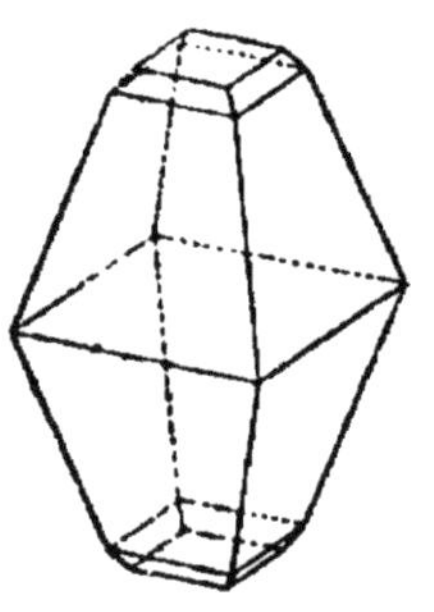

Fig. 40. — Octaèdre du soufre.

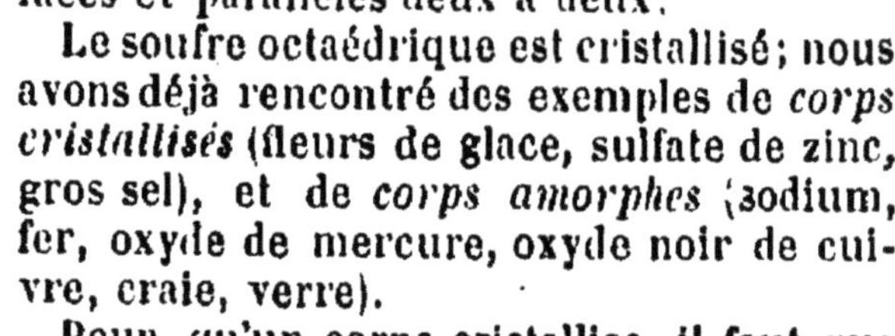

Le soufre octaédrique est cristallisé; nous avons déjà rencontré des exemples de *corps cristallisés* (fleurs de glace, sulfate de zinc, gros sel), et de *corps amorphes* (sodium, fer, oxyde de mercure, oxyde noir de cuivre, craie, verre).

Pour qu'un corps cristallise, il faut que ses particules puissent librement s'orienter suivant des lois déterminées, il faut donc que ce corps prenne l'état solide lentement au sein d'un milieu fluide.

Dimorphisme. — Le soufre fond vers 117° en un liquide brun très clair, tout d'abord huileux. Le soufre étant ainsi fondu dans une capsule, on le laisse refroidir; quand la couche supérieure est solidifiée, on fait écouler par un trou fait dans la croûte superficielle la partie restée liquide, on enlève la croûte supérieure et on trouve les parois de la capsule recouvertes de longues aiguilles jaune orangé de *soufre prismatique*, dont les propriétés sont différentes de celles du soufre octaédrique. La densité du soufre prismatique est de 1,97 tandis que celle du soufre octaédrique est 2,06.

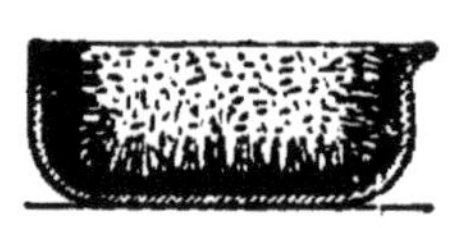

Fig. 41. — Cristallisation du soufre.

Ainsi un même corps, le soufre, peut donner deux espèces cristallines distinctes, douées de propriétés différentes. Le soufre est *dimorphe* (voir plus loin le *dimorphisme* du carbonate de calcium).

En général, les deux variétés d'un corps dimorphe sont stables à des températures différentes. Ainsi le soufre prismatique, abandonné à lui-même, devient jaune citron; il perd peu à peu sa transparence et se transforme en un enchevêtrement de microscopiques octaèdres. Inversement, les octaèdres chauffés au-dessus de 97° peuvent redonner des prismes.

Soufre mou. — Revenons maintenant au soufre fondu. Si on continue à élever la température, le liquide d'abord huileux s'épaissit, sa couleur se fonce et à 170° il est tellement épais que l'on peut retourner le vase qui le contient : à 220° il reprend sa fluidité mais en gardant sa couleur noire, enfin à 445° il entre en ébullition.

Le soufre éprouve donc entre 140 et 200° une nouvelle transformation. Pour saisir sur le vif, en quelque sorte, cet état particulier du soufre, on fond du soufre et, vers 200°, au moment où il commence à reprendre sa fluidité, on le coule en mince filet dans de l'eau froide. On obtient alors de longs filaments élastiques de *soufre mou*. Mai celui-ci n'est pas une variété stable à la température ordinaire; au bout de quelques jours, il s'est transformé en un solide jaune clair. Si on traite ce dernier par du sulfure de carbone, une portion se dissout (soufre octaédrique), l'autre portion reste insoluble sous forme d'une poudre blanchâtre ou jaune sale. C'est le soufre amorphe ou *soufre insoluble*.

Propriétés chimiques. — Le soufre brûle dans l'oxygène en donnant du gaz sulfureux. C'est donc un réducteur. Il réduit les oxydes métalliques au rouge, et donne du gaz sulfureux et un sulfure métallique. Il ne se combine pas directement avec l'azote et difficilement avec l'hydrogène; mais, placé dans le chlore, il se transforme en un liquide : le chlorure de soufre.

Le soufre se combine énergiquement avec les métaux. Il suffit de laisser tomber de la tournure de cuivre dans un ballon contenant du soufre en ébullition pour qu'une *combustion* se produise ; le cuivre brûle dans la vapeur de soufre en donnant du sulfure de cuivre. De même, en chauffant au rouge dans un creuset de la limaille de fer et de la fleur de soufre, on obtient du *sulfure de fer*, FeS, qui peut être coulé sur une plaque de fonte et concassé.

On a la réaction

$$Fe + S = FeS.$$

Usages. — Le soufre se trouve dans le commerce à l'état

de soufre sublimé ou fleur de soufre; il est employé sous cette forme pour soufrer la vigne. La fleur de soufre apparaît au microscope comme formée de petits utricules; elle renferme une forte proportion de soufre insoluble. On la fraude avec du *trituré*, c'est-à-dire du soufre brut de Sicile broyé et tamisé.

Le soufre se vend aussi en canons; on l'utilise pour la fabrication de la poudre noire.

Enfin le soufre sert à fabriquer les mèches soufrées, le sulfure de carbone; on l'emploie en médecine et dans la vulcanisation du caoutchouc.

29. Hydrogène sulfuré : H^2S. — Dans un flacon semblable à celui qui nous a servi pour préparer l'hydrogène, mettons du sulfure de fer concassé, de l'eau et versons peu à peu de l'acide sulfurique, nous aurons la réaction

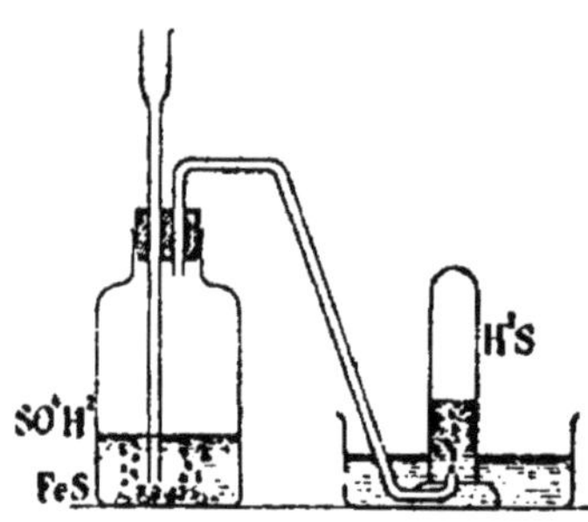

Fig. 42. — Préparation de l'hydrogène sulfuré.

$$FeS + SO^4H^2 = SO^4Fe + H^2S.$$

Il se forme du sulfate de fer qui reste dissous dans l'eau et il se dégage un gaz : l'*hydrogène sulfuré*, gaz incolore, mais d'une odeur méphitique d'œufs pourris, gaz délétère, plus lourd que l'air (un litre pèse 1g,52) soluble dans l'eau (3 vol. vers 15°) facilement liquéfiable; il bout vers — 61°; à + 10° la tension maximum de l'hydrogène sulfuré liquide est de 14 atmosphères.

L'hydrogène sulfuré est assez stable, cependant il est décomposé par les étincelles électriques. Dans une éprouvette renversée sur le mercure et contenant de l'hydrogène sulfuré, faisons passer deux fils d'aluminium isolés dans deux tubes en verre recourbés et communiquant avec les deux bornes d'une bobine de Ruhmkorff. Dès que les étincelles jaillissent, l'hydrogène sulfuré est décomposé, du soufre se dépose sur les parois de l'éprouvette sans que le volume du gaz change:

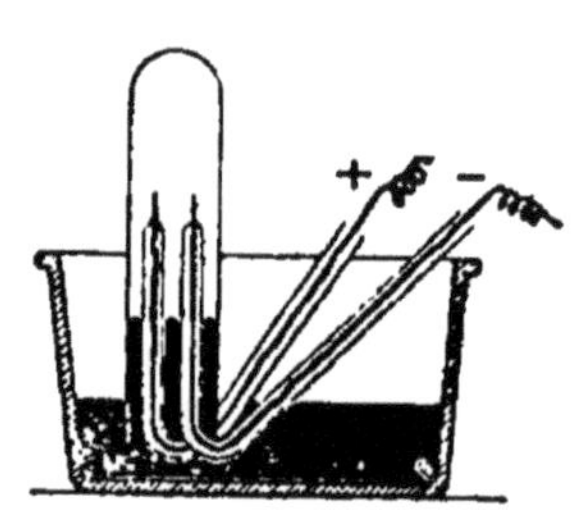

Fig. 43. — Action de l'étincelle électrique sur un gaz.

donc *l'hydrogène sulfuré renferme son propre volume d'hydrogène.*

L'hydrogène sulfuré, formé de deux éléments combustibles, hydrogène et soufre, est lui-même combustible ; il brûle à l'air avec une flamme bleue en donnant de la vapeur d'eau et du gaz sulfureux. Mélangé préalablement à l'air, il donne un mélange détonant :

$$H^2S + 3O = H^2O + SO^2 ;$$

mais si l'air est en quantité insuffisante, si par exemple on enflamme une éprouvette pleine de H^2S, l'hydrogène brûle de préférence, et les parois de l'éprouvette se recouvrent d'un dépôt de soufre.

A la température ordinaire, la solution d'hydrogène sulfuré s'oxyde à l'air et donne un dépôt de soufre :

$$H^2S + O = H^2O + S.$$

On est obligé de la renouveler fréquemment [1].

Le chlore agit sur l'hydrogène sulfuré et donne de l'acide chlorhydrique et du soufre ; il suffit de faire arriver un courant de chlore bien sec (v. la *fig.* 34) dans un flacon rempli par déplacement de gaz sulfhydrique bien sec. Les parois se recouvrent aussitôt d'un dépôt de soufre :

$$H^2S + 2\,Cl = 2\,HCl + S ;$$

mais si on continue à faire arriver du chlore, des gouttelettes apparaissent et on reconnaît l'odeur du chlorure de soufre.

Formé de deux éléments réducteurs, hydrogène et soufre, l'hydrogène sulfuré est lui-même un réducteur comme nous le montrerons dans la suite (31).

Les métaux *réduisent* par contre l'hydrogène sulfuré et s'emparent du soufre pour donner des *sulfures* ; le volume de l'hydrogène mis en liberté est égal au volume du gaz primitif : ainsi le cuivre noircit lorsqu'on le chauffe dans un courant de gaz sulfhydrique.

Ce gaz est absorbé également par les alcalis ; si, dans une éprouvette renversée sur le mercure et contenant de l'hydrogène sulfuré, on fait passer quelques centimètres cubes d'une lessive de soude caustique, il y a absorption. On a la réaction

$$2\,NaOH + H^2S = Na^2S + 2\,H^2O.$$

Le sulfure de sodium, Na^2S, peut être considéré comme

---

[1] D'ailleurs le plus simple est d'employer le gaz lui-même comme réactif.

le sel de sodium de l'*acide sulfhydrique*, H^2S ; deux atomes de sodium ont remplacé deux atomes d'hydrogène.

Entre le sulfure Na^2S et l'acide H^2S il y a un intermédiaire le sulfhydrate NaSH; celui-ci s'obtient en saturant une lessive de soude par un courant de H^2S :

$$NaOH + H^2S = NaSH + H^2O.$$

L'acide sulfhydrique est un acide faible, il rougit le tournesol; les acides forts, l'acide sulfurique, l'acide chlorhydrique le déplacent de certains sulfures, du sulfure de fer par exemple.

Par contre cependant, l'hydrogène sulfuré précipite certains métaux de leurs sels; ainsi les sels de plomb donnent un précipité noir de sulfure de plomb. Un papier imprégné d'une solution d'acétate de plomb noircit en présence d'une trace de gaz sulfhydrique.

L'acétate de plomb est le *réactif* par excellence de l'hydrogène sulfuré, inversement celui-ci est le *réactif* des sels de plomb et de bien d'autres métaux.

En effet, tandis que les sulfures des métaux légers sont solubles, ceux des métaux lourds sont insolubles; ils sont en outre diversement colorés. Certains sont même décomposés par l'eau (aluminium) en donnant de l'hydrogène sulfuré et de l'oxyde du métal. L'hydrogène sulfuré est un des *réactifs* fondamentaux de l'analyse chimique.

Les sulfures des métaux lourds se rencontrent dans la nature, ils sont remarquables par l'éclat métallique de leurs cristaux. Ils constituent, comme nous le verrons plus tard, des minerais très importants.

Les sulfures, grillés à l'air, donnent des sulfates; ainsi le sulfure de calcium donne du sulfate de calcium

$$CaS + 4O = CaSO^4;$$

mais les sulfates des métaux lourds étant décomposables par la chaleur, on obtient plutôt, par le grillage des sulfures, des oxydes métalliques et du gaz sulfureux.

30. Anhydride sulfureux : SO^2. — Le soufre brûle dans l'oxygène en donnant du gaz sulfureux. On a la réaction

$$S + 2O = SO^2.$$

Imaginons qu'un morceau de soufre soit suspendu au centre d'un ballon plein d'oxygène et renversé sur une cuve à mercure.

On peut enflammer le soufre au moyen d'une spirale de platine rougie par le passage d'un courant, ou au moyen d'une lentille qui concentre sur lui les rayons du soleil. Le soufre brûle, puis s'éteint, et bientôt le niveau du mercure revient dans le col du ballon à son niveau primitif. Cette expérience montre que le *gaz sulfureux est formé d'un volume d'oxygène égal au sien.*

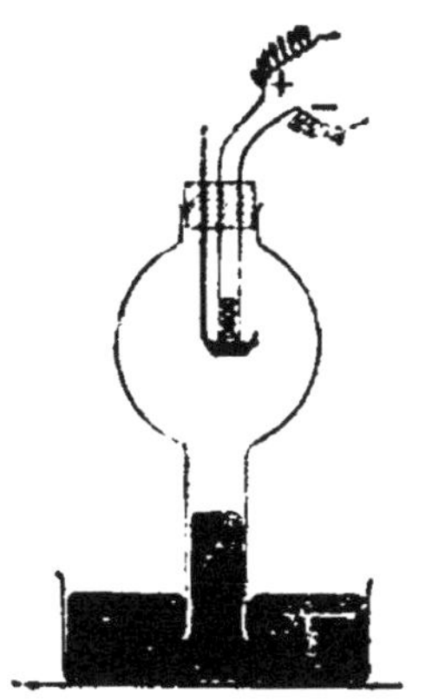

Fig. 44. — Synthèse du gaz sulfureux.

Le gaz sulfureux s'obtient industriellement en *grillant* à l'air des sulfures naturels, de la pyrite de fer en particulier :

$$2\,FeS^2 + 11\,O = Fe^2O^3 + 4\,SO^2.$$

Le mélange de gaz sulfureux, d'azote et d'air en excès, qui sort des *fours à pyrite* sert à fabriquer l'anhydride et l'acide sulfuriques.

Dans les laboratoires, au contraire, on obtient SO^2 en réduisant l'acide sulfurique du commerce par un métal, le cuivre.

On chauffe dans un grand ballon de la tournure de cuivre avec de l'acide sulfurique concentré ; dès que la réaction s'établit, on cesse de chauffer, la réaction continue d'elle-même et peut même devenir trop vive. On a l'équation

$$Cu + 2\,SO^4H^2 = SO^4Cu + SO^2 + 2\,H^2O\ ;$$

il se forme du sulfate de cuivre, de l'anhydride sulfureux et de l'eau. On dessèche le gaz en le faisant barboter, en *a*, à travers de l'acide sulfurique, puis en le faisant passer, en *b*, sur une colonne de chlorure de calcium. On peut alors recueillir le gaz sur une cuve à mercure (voir *fig.* 37) ou le condenser, en *c*, dans un tube en Y, refroidi à $-15°$ par un mélange de glace et de sel ; en *d*

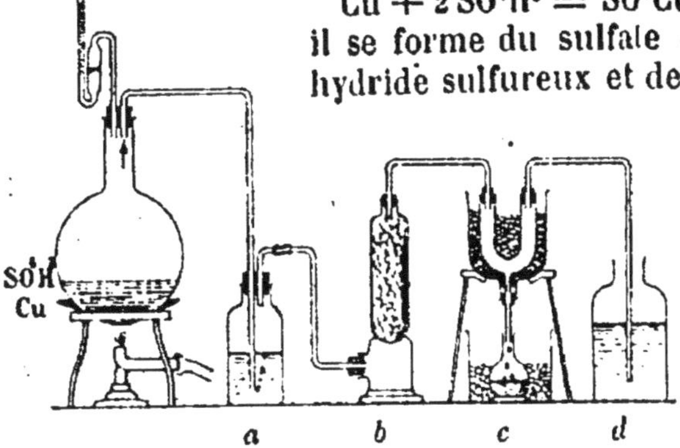

Fig. 45. — Préparation du gaz sulfureux.

est un grand bocal renfermant une dissolution ou mieux des cristaux de soude (carbonate de sodium hydraté cristallisé) destinés à arrêter le gaz sulfureux non condensé.

On obtient ainsi un liquide.

L'anhydride sulfureux liquide est mobile, incolore ; il bout à — 10° sous la pression atmosphérique normale ; à 15° la tension de l'anhydride est seulement de 3 atmosphères, de sorte que l'on peut le conserver dans des siphons semblables aux siphons d'eau de Seltz.

L'anhydride commercial est toujours légèrement teinté en jaune ; il est obtenu parfois en faisant couler un mince filet d'acide sulfurique concentré dans un bain de soufre maintenu à 400°. On a la réaction

$$S + 2SO^4H^2 = 3SO^2 + 2H^2O.$$

En fait on dissout dans l'eau le gaz des fours à pyrites (voir plus loin), on porte ensuite la dissolution à l'ébullition, le gaz sulfureux se dégage, on le sèche sur de l'acide sulfurique et on le liquéfie au moyen de pompes de compression.

L'évaporation rapide de l'anhydride liquide produit un abaissement de température qui peut atteindre — 60° et qui est utilisé dans la fabrication de la glace et par les industries frigorifiques.

Le *gaz sulfureux* est incolore, d'une odeur suffocante caractéristique; il provoque la toux. Un litre de gaz sulfureux pèse 2g,86. C'est un désinfectant énergique; pour assainir une pièce il suffit, après avoir calfeutré les ouvertures, d'y faire brûler du soufre ; de même on fait brûler des mèches soufrées dans les tonneaux pour empêcher la production des fleurs du vin.

Produit de la combustion du soufre dans l'oxygène, le gaz sulfureux ne brûle pas ; il n'entretient pas non plus les combustions, une allumette allumée s'éteint dans ce gaz. Pour éteindre un feu de cheminée, après avoir tendu un drap mouillé devant l'ouverture, on jette dans le foyer quelques poignées de soufre ; la cheminée se remplit de SO^2 et la combustion s'arrête.

Le gaz sulfureux est soluble dans l'eau (50 vol. à + 15°) mais sa solution s'altère peu à peu à l'air et donne de l'acide sulfurique :

$$SO^2 + O + H^2O = SO^4H^2.$$

Cette tendance de la dissolution à s'emparer de l'oxygène en fait un *réducteur*. Les oxydants, l'eau de chlore en partiticulier, transforment la solution d'acide sulfureux en acide sulfurique : le chlore prend l'hydrogène de l'eau pour donner de l'acide chlorhydrique et l'oxygène se porte sur SO^2 qu'il transforme en SO^4H^2 :

$$SO^2 + 2\,Cl + 2\,H^2O = SO^4H^2 + 2\,HCl.$$

Aux propriétés réductrices de SO^2 se rattache son pouvoir décolorant; les colorants organiques (violettes) sont transformés par lui en dérivés incolores (leuco-dérivés). L'acide sulfureux sert pour le blanchiment de la paille, de la laine, de la soie, etc.

Enfin, la *solution d'anhydride sulfureux* se comporte comme un acide, elle rougit le tournesol et donne des sels avec les alcalis. Le sulfite neutre de sodium, SO^3Na^2 est le sel d'un *acide sulfureux inconnu* SO^3H^2 dont SO^2 est *l'anhydride*. Il existe aussi un sulfite acide SO^3NaH. Ce second sel, acide à la phtaléine, est toutefois neutre au méthylorange (note du § 24, indicateurs colorés) ; d'où un moyen de les distinguer.

31. Anhydride sulfurique : SO^3. — C'est un solide blanc qui fond à 15°, qui bout à 47° et qui est surtout remarquable par l'énergie avec laquelle il se combine avec l'eau pour donner de *l'acide sulfurique* SO^4H^2.

Il s'obtient en faisant passer sur de la mousse de platine convenablement chauffée un mélange de gaz sulfureux et d'oxygène parfaitement secs, le volume du premier étant double du second. On voit s'échapper des fumées abondantes d'anhydride sulfurique.

Cette préparation est devenue industrielle; on remplace seulement la mousse de platine par de *l'amiante platinée*, c'est-à-dire de l'amiante imprégnée de platine, maintenue pendant l'opération vers 400°, et on utilise le mélange de gaz sulfureux et d'air qui sort des fours à pyrite. On a la réaction

$$SO^2 + O = SO^3.$$

C'est le procédé dit de contact.

32. Acide sulfurique : SO^4H^2. — L'anhydride sulfurique se dissout dans l'eau en toutes proportions et l'on peut obtenir par cristallisation plusieurs hydrates : $S^2O^7H^2$, l'acide pyrosulfurique, qui fond à 35°, SO^4H^2, l'acide sulfurique, qui fond à 10°5, et l'acide glacial $SO^4H^2.H^2O$, qui fond à 8°5.

Mais tous ces composés mis en présence de l'eau redonnent une seule et même dissolution. Celle-ci avec la soude donne deux sels : le sulfate neutre SO^4Na^2 et le sulfate acide de sodium SO^4NaH.

SO^4H^2 est donc l'acide sulfurique normal.

$S^2O^7H^2$ n'est qu'une combinaison de l'acide et de l'anhydride, il est employé en chimie organique. On l'appelle encore l'acide fumant ou de Nordhausen. Avec les alcalis il donne des pyrosulfates tel $S^2O^7K^2$, le sel de potassium, qui donne du sulfate acide au contact de l'eau, et au rouge perd de l'anhydride sulfurique pour redonner le sulfate neutre.

Le composé $SO^4H^2.H^2O$ n'est que de l'acide sulfurique hydraté.

Industrie. — Usages. — L'acide sulfurique est un produit industriel de première importance ; la France seule en fabrique un million de tonnes par an, il sert à préparer les superphosphates, les autres acides, les bougies stéariques, les matières colorantes, à décaper les métaux et à bien d'autres usages encore.

Il résulte de l'oxydation à l'air de l'acide sulfureux, d'après la réaction

$$SO^2 + O + H^2O = SO^4H^2.$$

L'anhydride sulfureux s'obtient en grillant à l'air des pyrites. La pyrite de fer est un sulfure FeS^2 que l'on rencontre un peu partout, et en France notamment, aux environs de Lyon, à Saint-Bel. Mais c'est surtout l'Espagne qui alimente de pyrites les grandes industries de France, d'Angleterre et d'Allemagne.

La pyrite est étalée sur des dalles superposées et de temps en temps on la fait tomber (à l'aide de ringards introduits par des ouvertures spéciales) sur la dalle placée en dessous (Four Maletra) ; la pyrite est brûlée dans un courant d'air suivant la réaction

$$2FeS^2 + 11O = Fe^2O^3 + 4SO^2.$$

En réalité on enverra une quantité d'air suffisante, avec un léger excès en plus, pour transformer ultérieurement la totalité du gaz sulfureux en acide sulfurique.

L'oxyde de fer produit pourra être utilisé dans la métallurgie du fer. On peut aussi griller, dans des fours spéciaux, d'autres sulfures métalliques, le sulfure de zinc ou blende, notamment.

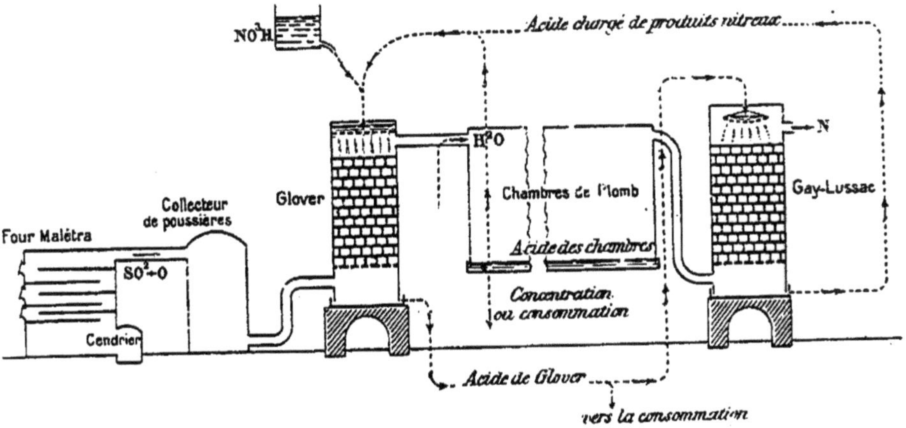

Fig. 46. — Schéma de la fabrication de l'acide sulfurique.

Les gaz qui sortent des fours sont chargés de poussière dont ils se débarrassent en partie dans des conduites appelées chambres à poussières ; ils passent alors dans une grande tour en plomb, de 10m de hauteur, la tour de Glover, dont nous comprendrons le rôle tout à l'heure. Les gaz circulent ensuite dans trois longues chambres formées de feuilles de plomb soudées entre elles et maintenues par une charpente extérieure en bois et où se produisent les réactions qui donnent finalement naissance à l'acide sulfurique :

$$SO^2 + O + H^2O = SO^4H^2 ;$$

l'eau est envoyée soit sous forme de vapeurs ou mieux à l'état liquide par des pulvérisateurs.

En réalité la réaction précédente n'est que la résultante de réactions très compliquées où interviennent des composés oxygénés de l'azote (vapeurs nitreuses). Ceux-ci ont été introduits dans la tour de Glover et comme ils se reforment indéfiniment, on les retrouve à la sortie des chambres de plomb.

Les vapeurs nitreuses sont insolubles dans l'acide sulfurique moyennement concentré (52° à l'aréomètre de Baumé) qui se rassemble sur le fond des chambres ; mais elles sont en grande partie absorbées par de l'acide sulfurique concentré.

On disposera donc, à la sortie des chambres, une dernière tour en plomb, dite tour de Gay-Lussac, remplie d'un empilage de briques siliceuses sur lesquelles coule de l'acide sulfurique concentré à 62° Baumé et froid. Cet acide qui vient du Glover absorbe les vapeurs nitreuses entraînées par les gaz qui sortent des chambres et qui arrivent à la base du Gay-Lussac pour le traverser avant de se perdre dans l'atmosphère (excès d'air et d'azote).

L'acide sulfurique nitreux ainsi obtenu est légèrement étendu d'eau par addition d'une portion de l'acide des chambres : on l'envoie ensuite au sommet du Glover où on fait arriver en même temps de l'acide azotique pour réparer les pertes en produits nitreux.

La tour de Glover est formée de feuilles de plomb soudées, soutenues par une charpente extérieure et protégées par une chemise intérieure en briques siliceuses ; elle est remplie d'un empilage de briques en lave de Volvic.

L'acide qui descend se débarrasse des vapeurs nitreuses au contact des gaz chauds venus des fours à pyrite ; en même temps l'acide se concentre jusqu'à 62° Baumé.

Les gaz chauds qui s'élèvent, se chargent de vapeurs nitreuses et de vapeur d'eau qu'ils entraînent dans les chambres et en même temps ils se refroidissent, par suite de l'évaporation de l'eau.

Enfin, dans la partie supérieure du Glover, là où la température n'est pas trop élevée, commencent les réactions qui se continueront dans les chambres. De sorte que la tour de Glover est le siège d'une production d'acide sulfurique.

Un système de chambres de plomb peut atteindre 120^{m} de longueur et préparer par jour 40 000^{kg} d'acide.

L'acide du Glover marque 62° B ; une partie seulement retourne au Gay-Lussac ; la plus grosse part va à la consommation ; mais comme cet acide est très sale, il ne peut servir à tous les usages.

L'acide des chambres peut servir tel quel à la préparation des superphosphates (voir plus loin) ; mais, pour la plupart des applications, il faut le concentrer à 60° B en le chauffant jusqu'à 200° C. dans des bassines en plomb.

Enfin le plus souvent on est obligé de pousser la concentration jusqu'à 66° B et pour cela atteindre des températures de 300° et 338° C. On a recours alors à des appareils en platine, ou en verre, ou en porcelaine, ou en lave, ou en fonte. On peut aussi ajouter à l'acide à 60° de l'anhydride sulfurique obtenu par les nouveaux procédés dits de contact.

Propriétés. — L'acide sulfurique pur SO^4H^2 est un liquide incolore, huileux, d'où son nom d'huile de vitriol, qui se solidifie à 10°,5 en cristaux incolores et bout à 290°. Mais il éprouve en bouillant une décomposition; il dégage de l'anhydride et son point d'ébullition s'élève jusqu'à 338°.

L'acide du *commerce* qui marque 66° B et qui est obtenu par concentration bout par conséquent à 338°. Il renferme un petit excès d'eau, environ 1,5 °/₀ ; il ne se solidifie qu'à — 34°. Il est souvent coloré en jaune paille par des impuretés.

L'acide sulfurique se mélange avec l'eau en dégageant beaucoup de chaleur ; aussi ne faut-il jamais laisser tomber une petite quantité d'eau dans l'acide concentré, il pourrait y avoir des projections dangereuses.

Il vaut mieux verser l'acide dans l'eau par petites portions et en agitant.

L'acide sulfurique concentré absorbe et retient énergiquement la vapeur d'eau, on l'emploie pour dessécher les gaz. On augmente la surface de contact en imbibant avec l'acide de la pierre ponce. Pour la même raison, l'acide sulfurique détruit les matières organiques : il les carbonise en leur enlevant les éléments de l'eau. Les brûlures produites par l'huile de vitriol doivent être lavées aussitôt et de préférence avec de l'eau additionnée d'un peu de carbonate d'ammoniaque qui neutralise l'acide.

L'acide sulfurique concentré et chaud détruit complètement les matières organiques, le charbon est brûlé à l'état de gaz carbonique et il y a formation de gaz sulfureux. L'acide sulfurique est donc un *oxydant.*

Mais l'acide sulfurique est, avant tout, un *acide énergique.* En effet, ses solutions agissent sur certains métaux, le zinc par exemple, en donnant un sel, le sulfate de zinc, et de l'hydrogène :

$$Zn + SO^4H^2 = SO^4Zn + 2H\,;$$

elles rougissent le tournesol et le méthylorange ; en outre l'acide sulfurique déplace les autres acides de leurs sels, par exemple l'acide chlorhydrique et l'hydrogène sulfuré des chlorures et des sulfures.

Si on neutralise exactement une solution d'acide sulfurique par de la soude, on constate que pour 98g d'acide ($SO^4H^2 = 98$) dissous dans l'eau, il faut ajouter 80g de soude ($NaOH = 40$).

Si on évapore on obtient 142g de sulfate de sodium :

$$SO^4H^2 + 2NaOH = SO^4Na^2 + 2\,H^2O.$$

Mais si on reprend ce sel par l'eau, qu'on ajoute encore 98g d'acide et que l'on évapore à nouveau jusqu'à fusion du résidu, on obtient un nouveau sel qui cristallise par refroidissement et représenté par la formule SO^4NaH :

$$SO^4Na^2 + SO^4H^2 = 2SO^4NaH.$$

C'est le ***sulfate acide de sodium*** obtenu déjà dans la préparation de l'acide chlorhydrique (21). Ce composé est un sel acide ; c'est un sel puisqu'il contient un métal et c'est un acide puisqu'il renferme encore de l'hydrogène remplaçable par un métal.

L'acide sulfurique renfermant dans son poids moléculaire (14), c'est-à-dire dans une *molécule*, deux fois le poids atomique (14), c'est-à-dire deux *atomes* d'hydrogène ***remplaçables l'un et l'autre par un métal,*** l'acide sulfurique est donc un *bi*acide, c'est-à-dire un corps à fonction acide (23) *double* donnant deux séries de sels, les sels neutres et les sels acides.

Sulfates. — Ce sont les sels de l'acide sulfurique. Ils sont en général bien cristallisés et solubles dans l'eau. Cependant le sulfate de calcium est peu soluble, les sulfates de plomb et de baryum sont absolument insolubles.

Si on verse quelques gouttes d'une dissolution d'un sel de baryum, de chlorure, par exemple, dans de l'eau contenant de l'acide sulfurique ou un sulfate quelconque, ne serait-ce qu'à l'état de trace, on a un précipité blanc de sulfate de baryum insoluble dans les acides, même dans l'eau régale :

$$BaCl^2 + SO^4Na^2 = SO^4Ba + 2\ NaCl.$$

Le chlorure de baryum est donc le réactif des sulfates, comme l'acide sulfurique est le réactif des sels de baryum.

Ainsi les eaux courantes, qui renferment de petites quantités de sulfate de chaux, se troublent si, après addition d'un peu d'acide azotique, on y verse quelques gouttes d'une dissolution de chlorure de baryum.

Les sulfates sont en général décomposés par la chaleur. Ceux qui résistent, les sulfates de sodium et de calcium, par exemple, peuvent être réduits par le charbon; ils donnent des sulfures. Ainsi, en chauffant au rouge dans un creuset un mélange intime de charbon et de sulfate de calcium, on obtient du sulfure de calcium et il se dégage du gaz carbonique :

$$SO^4Ca + 2\ C = 2\ CO^2 + CaS.$$

LOIS DES VOLUMES. — PROPORTIONS MULTIPLES

Avant d'aller plus loin dans l'étude des métalloïdes et de leurs composés, nous voulons dégager des faits exposés plus haut quelques lois très importantes.

33. Lois de Gay-Lussac. — On a été certainement

frappé par la simplicité des rapports qui existent entre les volumes des gaz qui se combinent. Ainsi l'hydrogène et le chlore s'unissent à volumes égaux pour donner naissance à du gaz chlorhydrique ; l'oxygène se combine à un volume exactement double d'hydrogène pour donner de l'eau.

C'est là un fait très général et qui se résume dans l'énoncé suivant :

Première loi de Gay-Lussac : ***Les volumes de deux gaz qui entrent en combinaison, mesurés dans les mêmes conditions de température et de pression, sont entre eux dans un rapport simple.***

On a dû remarquer, en outre, que *un* volume d'hydrogène et *un* volume de chlore donnent *deux* volumes de gaz chlorhydrique, l'hydrogène sulfuré et le gaz sulfureux renferment l'un son propre volume d'hydrogène, l'autre son propre volume d'oxygène, unis à du soufre.

Nous sommes amenés ainsi à énoncer la **deuxième loi de Gay-Lussac** : ***Le volume d'un composé gazeux est dans un rapport simple avec les volumes des composants gazeux.***

(Remarquons, à ce propos, qu'un composé volatil renferme toujours au moins un élément plus volatil que lui. Il n'y a guère d'exception que pour le sulfure de carbone, qui est plus volatil que le soufre et le charbon.)

D'autre part, 1^{g} d'hydrogène, occupant $11^{l},2$, et $35^{gr},5$ de chlore, occupant $11^{l},2$, donnent $36^{gr},5$ de gaz chlorhydrique, occupant $22^{l},4$.

De sorte que la formule HCl ne représente pas seulement le poids moléculaire 36,5 du gaz chlorhydrique, elle représente en outre la masse, évaluée en grammes, de gaz chlorhydrique qui occupe dans les conditions normales un volume de $22^{l},4$.

Essayons de généraliser cette remarque et de rapporter à $22^{l},4$ les formules des composés gazeux.

Nous trouvons, par l'expérience, que $22^{l},4$ d'hydrogène sulfuré pèsent 34^{g} et renferment $22^{l},4$ d'hydrogène pesant 2^{gr} et par suite 32^{gr} de soufre. *Si nous adoptons* la valeur $S = 32$ pour le poids atomique du soufre, la formule de l'hydrogène sulfuré devient H^2S et *correspond* bien, *en grammes*, à un volume de $22^{l},4$.

De même $22^l,4$ de gaz sulfureux pèsent 64^g et renferment $22^l,4$ ou 32^g d'oxygène, par suite encore 32^g de soufre ; la formule du gaz sulfureux est SO^2 et correspond bien aussi à $22^l,4$.

Les formules des composés gazeux que nous étudierons dans la suite seront établies de façon à représenter un même volume (à correspondre, en grammes, à un même volume de $22^l,4$).

34. Proportions multiples. — Considérons maintenant l'anhydride sulfurique. On peut, en le chauffant très fort, le décomposer presque entièrement en un mélange de gaz sulfureux et d'oxygène. De ce mélange, les deux tiers sont absorbés par la soude (gaz sulfureux), l'autre tiers est de l'oxygène pur. Ainsi $11^l,2$ ou 16^g d'oxygène O, et $22^l,4$ ou 64^g de gaz sulfureux SO^2, donnent 80^g d'anhydride sulfurique SO^3.

Nous établissons ainsi la formule de l'anhydride sulfurique et nous nous arrêtons à une remarque très importante :

Dans l'anhydride sulfureux et l'anhydride sulfurique, un même poids de soufre est combiné à des poids d'oxygène qui sont entre eux comme 2 *est à* 3.

De même, nous le verrons plus tard, le cuivre donne avec l'oxygène deux oxydes de cuivre, qui, pour 16 d'oxygène renferment l'un, l'oxyde noir, 63,6 de cuivre, l'autre, l'oxyde rouge, 126,8 de métal.

D'où l'énoncé général suivant :

Loi des proportions multiples : ***Les poids d'un élément qui se combinent à un même poids d'un autre élément pour former divers composés, sont des multiples de l'un d'entre eux.***

Ou encore, si a et b sont les poids de deux éléments qui entrent dans un certain composé, dans tout autre composé constitué par les mêmes corps, ces éléments y entreront suivant des poids ma et nb, m et n étant des nombres entiers.

La loi s'étend aux composés ternaires : ainsi les mêmes proportions de potassium et de chlore se rencontrent dans le chlorure et dans le chlorate de potassium. En effet ce sel, sous l'action de la chaleur, se dédouble exactement en chlorure de potassium et oxygène (20).

Hors de cette loi, il ne saurait exister de notation symbolique, puisque, c'est grâce à elle que, étant donnée la formule d'un composé, les formules des autres composés formés des mêmes éléments s'obtiendront en faisant simplement varier les exposants.

Quelques applications des lois des volumes. — 1° Combien, avec 10g de sulfure de fer FeS, peut-on préparer de litres d'hydrogène sulfuré ?

On a la réaction

$$FeS + SO^4H^2 = SO^4Fe + H^2S.$$

56 + 32 = 88g de sulfure de fer donnent 22l,4 de gaz sulfhydrique, donc 10g donneront $\frac{22,4 \times 10}{88} = 2^l,54$.

2° Combien avec 20g de cuivre peut-on préparer de litres de gaz sulfureux ? (On admet toujours implicitement que l'acide sulfurique concentré est en excès.)

On a la réaction

$$Cu + 2\,SO^4H^2 = SO^4Cu + 2\,H^2O + SO^2.$$

63g,6 de cuivre donnent 22l,4 de gaz sulfureux, donc 20g donneront $\frac{22,4 \times 20}{63,6} = 7^l,04$.

COMPOSÉS DE L'AZOTE

---

35. Ammoniaque. Sels ammoniacaux. — Le gaz ammoniac NH^3 est incolore, d'une odeur piquante qui provoque les larmes, d'une saveur urineuse ; à 15°, sous pression normale, un litre de ce gaz pèse 0g,764 ; 22l,4 pèseront donc 17g environ. Ce gaz est *extrêmement soluble* dans l'eau (1000 vol. à 0°, 600 vol. à la température ordinaire) ; la solution commerciale, plus légère que l'eau, marque 22° au pèse-esprits de Baumé; elle est appelée *ammoniaque* ou *alcali volatil*.

L'ammoniac se liquéfie facilement, il bout à —38°,5; à 15° sa tension maximum est de 7 atm. Le commerce livre ce liquide en tubes d'acier. Le froid qu'il produit en s'évaporant le fait employer aux mêmes usages que l'anhydride sulfureux liquide.

Le gaz ammoniac est stable; cependant les étincelles électriques le décomposent *presque* complètement. Inversement, les étincelles électriques, jaillissant dans un mélange d'azote et d'hydrogène, provoquent la formation d'une petite quantité de gaz ammoniac.

Le gaz ammoniac ne brûle pas dans l'air, mais il brûle dans l'oxygène en donnant principalement de l'azote et de l'eau :

$$2\,NH^3 + 3\,O = 2\,N + 3\,H^2O.$$

Dans un eudiomètre renfermant 10^{cm^3} de gaz ammoniac, faisons passer une longue série d'étincelles : le volume du gaz double ; introduisons maintenant 10^{cm^3} d'oxygène et faisons jaillir une étincelle : une combustion se produit et il reste $7^{cm^3},5$ de gaz dont $2^{cm^3},5$ absorbables par le phosphore (oxygène) et 5^{cm^3} d'azote pur.

Ainsi 10^{cm^3} d'ammoniac renferment 5^{cm^3} d'azote ; $22^l,4$ renferment $11^l,2$ ou 14^g d'azote : N.

Il a disparu par combustion $10 - 2,5 = 7^{cm^3},5$ d'oxygène qui se sont combinés à 15^{cm^3} d'hydrogène pour donner de l'eau. Dans 10^{cm^3} de gaz ammoniac, il y a donc 15^{cm^3} d'hydrogène, dans $22^l,4$ il y en a donc $11^l,2 \times 3$ ou 3^g : H^3.

La formule de l'ammoniaque est donc NH^3.

Le gaz ammoniac est un réducteur ; passant sur de l'oxyde de cuivre chauffé au rouge sombre, il donne du cuivre, de l'azote et de l'eau :

$$3\,CuO + 2\,NH^3 = 3\,Cu + 3\,H^2O + 2\,N.$$

Le chlore s'empare de l'hydrogène et met l'azote en liberté, mais l'acide chlorhydrique formé peut donner avec l'excès d'ammoniaque du chlorhydrate :

$$4\,NH^3 + 3\,Cl = N + 3\,NH^4Cl.$$

Si le chlore est en excès, il peut y avoir production de chlorure d'azote, *explosif très dangereux* :

$$NH^3 + 6\,Cl = NCl^3 + 3\,HCl.$$

On prépare assez commodément l'*azote pur* en faisant arriver un courant de chlore dans une solution concentrée d'ammoniaque. Le gaz produit passe sur de la ponce imbibée d'acide sulfurique pour se débarrasser du gaz ammoniac entraîné.

La solution de gaz ammoniac dans l'eau, l'*ammoniaque*, a des *propriétés alcalines* très caractérisées, elle bleuit le tournesol rougi par un acide.

Prenons deux solutions renfermant, sous le même volume, de 1 litre par exemple : l'une 98g d'acide sulfurique ($SO^4H^2 = 98$), l'autre 44l,8 (ou 34g) de gaz ammoniac.

Colorons les deux liqueurs, l'une en bleu, l'autre en rouge par du tournesol. Pour obtenir la teinte de virage, il faut mélanger des volumes égaux des deux liqueurs. Si on évapore le tout, on obtient un solide blanc pesant 132g ; c'est du sulfate d'ammoniaque :

$$SO^4H^2 + 2\,NH^3 = SO^4\,(NH^4)^2.$$

Ce sel ressemble tout à fait au sulfate de potassium. Il n'en diffère qu'en ce que le potassium K est remplacé par un *radical* ou groupe d'atomes : NH^4. Ce radical est appelé l'*ammonium*. $SO^4\,(NH^4)^2$ est donc du sulfate d'ammonium.

La neutralisation de l'ammoniaque par l'acide chlorhydrique donne de même du *chlorhydrate d'ammoniaque* ou *chlorure d'ammonium* NH^4Cl, sel blanc, appelé aussi sel ammoniac, tout à fait semblable au chlorure de potassium :

$$NH^3 + HCl = NH^4Cl.$$

Dès que l'on met en présence les deux gaz à volumes égaux, ils se condensent en une masse blanche ; aussitôt que l'on porte une baguette mouillée d'ammoniaque dans une atmosphère contenant du gaz chlorhydrique, on a des fumées épaisses de sel ammoniac. C'est même là une réaction très sensible du gaz chlorhydrique.

Le *sel ammoniac* est volatil ; dès qu'on le chauffe au fond d'un tube à essai, il se déplace vers les parties froides.

Production et usages. — L'ammoniaque prend naissance dans la putréfaction et la décomposition par la chaleur des matières organiques azotées ; on la retrouve dans l'urine fermentée et les eaux-vannes, dans l'eau d'égout, mais aujourd'hui la majeure partie de l'ammoniaque et des sels ammoniacaux provient de l'épuration du gaz d'éclairage (80).

L'ammoniaque intervient dans la préparation de la soude Solvay et dans le dégraissage des laines et tissus. Le sulfate est un engrais, le chlorhydrate est un décapant ; on l'emploie aussi dans les piles Leclanché.

Préparation. — Dans les laboratoires on prépare le gaz ammoniac en chauffant doucement dans un ballon la solu-

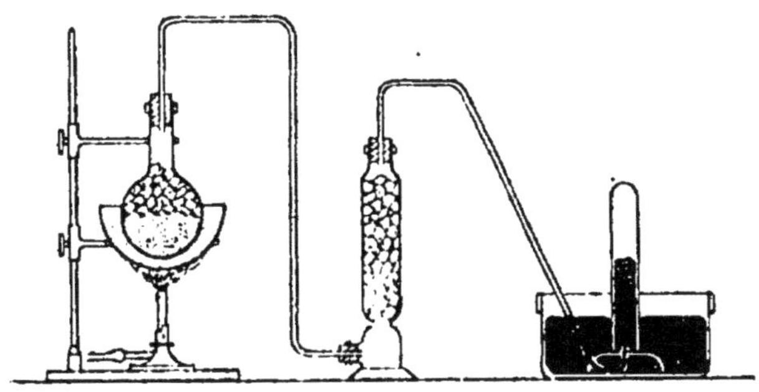

Fig. 47. — Préparation du gaz ammoniac.

tion commerciale ; on dessèche le gaz sur une colonne de chaux vive ou de potasse.

Quelquefois aussi on part du sel ammoniac, on triture ce sel au mortier avec de la chaux éteinte : on introduit le mélange dans un petit ballon et on chauffe doucement. Le gaz séché sur la chaux vive est recueilli sur le mercure.

On a la réaction

$$2\,NH^4Cl + Ca(OH)^2 = CaCl^2 . 2\,H^2O + 2\,NH^3.$$

Si on veut bien remarquer que le chlorure de calcium $CaCl^2$ est le sel formé par l'union de la chaux et de l'acide chlorhydrique, on verra qu'ici la chaux, base fixe, a déplacé l'ammoniaque, base volatile.

36. Acide azotique ou nitrique : NO^3H. — Azotates ou Nitrates. — Le *salpêtre* ou *nitre* qui vient s'effleurir sur les murs des caves et des écuries est de l'*azotate de potassium* NO^3K impur, chargé de nitrate de calcium. Le *nitre* que l'on trouve au Chili et au Pérou en bancs d'une immense étendue est de l'*azotate de sodium*, NO^3Na. Ces deux sels résultent d'une fermentation, accomplie dans le sol, qui s'appelle la *nitrification* et qui consiste en l'oxydation des matières organiques azotées mélangées aux *matières humiques* (1) et en leur transformation en *acide azotique*. Ce

(1) On appelle ainsi la matière végétale en voie de décomposition.

dernier réagit sur les sels alcalins du sol et donne des nitrates. Le nitre du Chili est aujourd'hui la matière première de la fabrication de l'acide azotique (ou nitrique) et des azotates. Le salpêtre en particulier ne s'extrait plus guère des salpêtrières naturelles ou artificielles ; il en vient cependant encore de l'Inde anglaise; mais on l'obtient surtout par double décomposition entre le nitrate de sodium et le chlorure de potassium.

L'acide nitrique est un produit industriel très important. L'industrie des matières colorantes, l'ancienne industrie de l'acide sulfurique, la gravure à l'eau-forte en consomment des quantités considérables. Il est aussi la matière première de presque tous les explosifs.

Préparation de l'acide nitrique. — Dans les cours, il est d'usage de préparer l'acide azotique en chauffant dans une cornue du salpêtre avec de l'acide sulfurique concentré ; le col de la cornue s'engage dans un ballon refroidi où l'acide azotique distille et va se condenser en un liquide jaune, chargé de vapeurs nitreuses. Ces *vapeurs nitreuses* qui remplissent l'appareil et souillent l'acide, sont des mélanges des autres composés oxygénés de l'azote, N^2O, NO, NO^2 que nous étudierons plus loin.

Fig. 48. -- Préparation de l'acide azotique.

On peut écrire la réaction

$$NO^3K + SO^4H^2 = SO^4KH + NO^3H.$$

L'acide sulfurique a déplacé l'acide azotique et donné du sulfate acide de potassium. Si on voulait obtenir du sulfate neutre, il faudrait chauffer plus fort et on décomposerait alors en grande partie l'acide azotique.

L'acide azotique ainsi obtenu, débarrassé des vapeurs nitreuses par un courant d'air chaud, est incolore. C'est l'acide fumant : NO^3H.

Dans l'industrie, on remplace le salpêtre par le nitre du Chili. On opère dans des appareils en fonte assez compliqués où l'on peut faire le vide. En réglant la température et la concentration de l'acide sulfurique ainsi que le degré du vide, on obtient de l'acide azotique à des concentrations déterminées.

Le nitrate de soude du Chili coûtant assez cher (28 fr. les 100 k.), on commence à produire de l'acide azotique et des azotates de synthèse. En faisant jaillir dans l'air un arc électrique très puissant et très étalé (arc en nappe), on obtient la combinaison directe de l'azote et de l'oxygène de l'air sous forme de vapeurs nitreuses. Celles-ci, mises en contact avec un excès d'air humide, donnent de l'acide azotique qui, avec la chaux, forme du nitrate de chaux.

On voit donc qu'il suffit de disposer d'une source d'énergie à bon marché pour produire de l'acide azotique.

Propriétés. — L'acide nitrique pur est incolore, il fume à l'air, il est plus lourd que l'eau, $d = 1,51$, et y est soluble en toutes proportions. Il bout à 86°, mais dès cette température il se décompose en eau et vapeurs nitreuses, le point d'ébullition s'élève peu à peu à 123°; c'est l'*acide du commerce* qui renferme 70 °/₀ d'acide NO^3H, $d = 1,42$.

L'acide azotique pur doit donc être distillé sous pression réduite. D'ailleurs, même à froid, il se décompose au soleil et jaunit.

L'acide du commerce est plus stable.

L'acide azotique, riche en oxygène et peu stable, est un oxydant.

De l'hydrogène chargé de vapeurs d'acide azotique, passant dans un tube chauffé au rouge, donne de l'azote et de l'eau :

$$NO^3H + 5\,H = N + 3\,H^2O.$$

Le même mélange dirigé sur de la mousse de platine légèrement chauffée donne de l'ammoniac [1] :

$$NO^3H + 8\,H = NH^3 + 3\,H^2O.$$

Le *soufre*, traité au fond d'un tube à essai par de l'acide fumant et à l'ébullition, donne de l'acide sulfurique et des vapeurs nitreuses. L'acide sulfureux est transformé en acide sulfurique. L'hydrogène sulfuré arrivant dans l'acide fumant

(1) Inversement, de l'air mélangé d'un peu de gaz ammoniac donne, au contact de la mousse de platine chauffée, de l'acide azotique. Ici l'oxygène de l'air intervient comme oxydant.

et froid, donne aussitôt un dépôt de soufre et de l'eau, puis de l'acide sulfurique si on chauffe.

Un tison de charbon de bois projeté dans de l'acide fumant continue à brûler à la surface du liquide ; de même, les azotates fusent lorsqu'on les projette sur des charbons ardents ; et le *salpêtre* intervient dans la *poudre noire* pour brûler le soufre et le charbon et les transformer en produits gazeux.

Les matières organiques peuvent être *entièrement* détruites et brûlées par l'acide nitrique; mais, par des actions ménagées, on obtient aussi des produits d'une importance primordiale. Nous les étudierons plus tard.

L'acide azotique est un acide énergique. Sa solution rougit le tournesol et donne avec les bases des sels bien cristallisés, les azotates.

L'acide azotique agit sur les métaux à la fois comme acide et comme oxydant. Le *sodium* est attaqué violemment, il ne faut pas tenter l'expérience.

Le *zinc* avec l'acide *étendu* donne de l'azotate de zinc ; l'hydrogène ne se dégage pas, il réagit sur l'acide azotique et donne des composés nitreux, voire même de l'ammoniaque.

Le cuivre, l'argent, le mercure qui ne sont pas attaqués, en général, par les acides étendus, sont oxydés par l'acide azotique, puis transformés en azotates : avec le cuivre par exemple et l'acide moyennement étendu, on a, à froid, la réaction

$$3Cu + 8\,NO^3H = 3.(NO^3)^2Cu + 4\,H^2O + 2\,NO.$$

C'est la préparation de l'oxyde azotique ; c'est aussi le principe de la gravure sur cuivre (gravure à l'eau-forte).

L'or et le platine ne sont attaqués que par l'*eau régale* : mélange d'acide azotique (1 vol.) et d'acide chlorhydrique (2 vol.). Dans l'eau régale, l'acide nitrique agit comme oxydant et donne avec l'acide chlorhydrique du *chlore*, des vapeurs nitreuses (37) et de l'eau. L'eau régale agit donc comme de l'eau de chlore ; on obtient les chlorures d'or et de platine.

Les *azotates*, les sels de l'acide azotique, sont, nous l'avons vu, des oxydants. La chaleur les décompose en oxydes métalliques et vapeurs nitreuses (voir NO^2) [1], cependant

[1] Ainsi l'azotate de mercure $(NO^3)^2Hg$, obtenu en attaquant le mercure par l'acide azotique, se décompose vers 300° et laisse un résidu d'oxyde rouge HgO.

l'*azotate de sodium* donne d'abord, au rouge sombre, de l'*azotite de sodium*

$$NO^3Na = NO^2Na + O.$$

Les *azotites* sont des produits de première importance dans l'industrie des matières colorantes.

37. Autres composés oxygénés de l'azote. — Outre l'acide azotique, l'azote donne, avec l'oxygène, un assez grand nombre de composés dont il nous faut dire quelques mots.

Laissons de côté l'anhydride azoteux N^2O^3 et l'acide azoteux NO^2H qui sont mal connus mais dont les sels, les *azotites*, sont, nous le répétons, très importants.

Les autres composés oxygénés de l'azote sont :

l'oxyde azoteux	N^2O,
l'oxyde azotique.	NO,
le peroxyde d'azote	NO^2,
l'anhydride azotique.	N^2O^5.

On aime à citer cette longue série de composés comme un exemple à l'appui de la loi des proportions multiples :

$$\frac{14 \times 2}{16}, \quad \frac{14}{16}, \quad \frac{14}{16 \times 2}, \quad \frac{14 \times 2}{16 \times 5}.$$

L'*anhydride azotique* s'obtient en enlevant de l'eau à l'acide azotique :

$$2\,NO^3H - H^2O = N^2O^5.$$

On mélange cet acide avec un corps très avide d'eau, l'*anhydride phosphorique* (39), et on chauffe doucement. L'anhydride azotique distille et se condense en cristaux dans le flacon refroidi, fixé au col de la cornue. Il fond à $+30°$; il est très instable et par suite très oxydant ; avec l'eau il redonne l'acide azotique.

Le *peroxyde d'azote* s'obtient comme les deux autres par la réduction de l'acide azotique. On le prépare plus régulièrement en chauffant vers 400° dans une cornue en verre vert de l'*azotate de plomb bien sec*. On a la réaction

$$N^2O^6Pb = PbO + O + 2\,NO^2.$$

La cornue se remplit de vapeurs rouge foncé qui se condensent dans un tube en U entouré d'un mélange réfrigérant, tandis que l'oxygène s'échappe par la pointe effilée (on peut rallumer une allumette) ; l'oxyde de plomb reste dans la cornue.

Le peroxyde d'azote est un liquide plus ou moins coloré en brun et d'autant plus que la température est moins basse ; il bout, sous la pression atmosphérique, à 22°. L'eau le décompose en acide azotique et vapeurs nitreuses (à 0° la solution a la couleur bleue de l'acide azoteux), les alcalis donnent un azotite et un azotate.

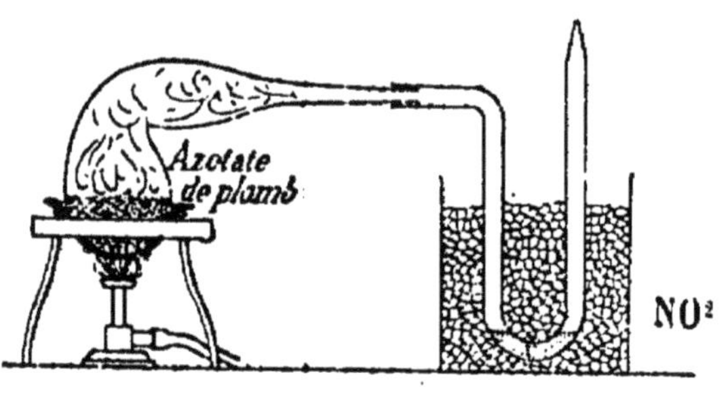

Fig. 49. — Préparation du peroxyde d'azote.

$$2\,NO^2 + 2\,NaOH = NO^2Na + NO^3Na + H^2O.$$

L'oxyde azotique ou bioxyde d'azote (ancienne appellation) se prépare en attaquant de la tournure de cuivre par de l'acide azotique moyennement étendu, dans un appareil à hydrogène (*fig.* 21), entouré d'eau froide (36).

C'est un gaz incolore, peu soluble dans l'eau, qui possède la propriété de se transformer, au contact de l'air, en vapeurs rutilantes de peroxyde d'azote

$$NO + O = NO^2.$$

Enfin l'*oxyde azoteux*, ou protoxyde d'azote, résulte de la décomposition de l'azotate d'ammoniaque, un beau sel blanc, qui, chauffé, commence par fondre, puis se dédouble suivant l'équation

$$NO^3.NH^4 = 2\,H^2O + N^2O.$$

On chauffe le sel avec précaution (car la réaction peut devenir explosive) dans une cornue munie d'un tube de dégagement qui se rend sur une cuve à eau.

L'oxyde azoteux est incolore, inodore ; il est peu soluble dans l'eau ; il se liquéfie assez facilement ; le commerce le livre dans des tubes de cuivre ; on l'emploie parfois comme anesthésique, mais la présence de vapeurs nitreuses peut le rendre dangereux à respirer.

Les composés de l'azote sont des oxydants ; les corps brûlent très bien dans l'oxyde azoteux (celui-ci rallume même une allumette), et aussi, mais plus difficilement, dans l'oxyde azotique. Enfin le peroxyde d'azote, le plus stable des trois, n'est décomposé qu'au rouge ; sur du cuivre fortement chauffé au rouge, il donne de l'oxyde de cuivre et de l'azote.

Les étincelles électriques décomposent partiellement les composés de l'azote et donnent des vapeurs nitreuses. Inversement, les étincelles éclatant dans un mélange d'azote et d'oxygène donnent aussi des vapeurs nitreuses, cela en concordance avec la stabilité du peroxyde d'azote. C'est là un fait très important qui explique la présence des produits nitrés dans l'air et dans les pluies d'orages.

PHOSPHORE

---

38. Phosphore : P = 31. — **Allotropie.** — Le phosphore est vendu généralement sous forme de bâtons d'un blanc légèrement ambré, translucides mais recouverts d'une couche blanche et opaque. Le phosphore pur est mou et flexible, mais des traces de soufre le rendent cassant ; on le coupe facilement avec un couteau. Il est mauvais conducteur ; sa densité est 1,84.

Il est insoluble dans l'eau mais soluble dans le sulfure de carbone ; cette dissolution est très inflammable et très dangereuse à manier.

Le phosphore fond à 44°,2 et présente très facilement le phénomène de la surfusion ; il bout à 284°, mais bien entendu la distillation du phosphore doit s'effectuer à l'abri de l'air, dans une atmosphère d'azote, d'hydrogène ou de gaz carbonique.

Le phosphore prend feu dans l'oxygène ou dans l'air dès qu'on porte un de ses points à 60°, au moyen d'un fer chaud par exemple ; le moindre frottement suffit à l'enflammer. Il faut donc le conserver sous une couche d'eau.

En brûlant dans l'air, le phosphore, nous l'avons dit, donne de l'*anhydride phosphorique*, P^2O^5.

Le phosphore, abandonné à l'air sec, luit dans l'obscurité (phosphorescence) ; il s'oxyde lentement et forme de l'*anhydride phosphoreux*, P^2O^3. La phosphorescence ne s'éteint que lorsque la dernière trace d'oxygène a été fixée. La chaleur d'oxydation du phosphore à l'air humide suffit à en provoquer l'inflammation spontanée.

Le phosphore est très vénéneux ; l'intoxication par les

vapeurs de phosphore produit la nécrose des os de la face. Le meilleur antidote est l'essence de térébenthine.

Phosphore rouge. — Le phosphore chauffé au-dessus de 240° dans un tube fermé, se tranforme lentement en un solide rouge, c'est le *phosphore rouge*. Celui-ci peut être pulvérisé; il est plus lourd que le phosphore blanc, $d = 2,3$, insoluble dans le sulfure de carbone, non vénéneux, non phosphorescent; il ne s'enflamme que vers 260°, il est donc d'un maniement moins dangereux. Mais il donne en brûlant dans l'oxygène des fumées blanches d'anhydride phosphorique identiques à celles que l'on obtient avec le phosphore blanc. Enfin le phosphore rouge se volatilise sans fondre vers 280° et sa vapeur brusquement condensée redonne du phosphore blanc.

Le phosphore rouge et le phosphore blanc sont donc deux variétés, ou *modifications allotropiques* d'une même substance.

Nous connaissions déjà les modifications allotropiques du soufre.

Le phosphore est un réducteur, l'acide nitrique fumant l'attaque violemment, l'acide convenablement dilué le transforme en acide phosphorique avec production de vapeurs nitreuses.

Il brûle dans le chlore en donnant des chlorures de phosphore; il donne avec le soufre des sulfures de phosphore dont le plus important, le sesquisulfure P^4S^3, est employé pour fabriquer les allumettes.

39. Anhydride et acide phosphoriques. — L'anhydride phosphorique P^2O^5 est une poudre blanche que l'on obtient en faisant brûler du phosphore dans l'air sous une cloche. Cette poudre est employée pour dessécher les gaz car elle est très avide d'eau : elle s'y dissout en produisant un bruissement.

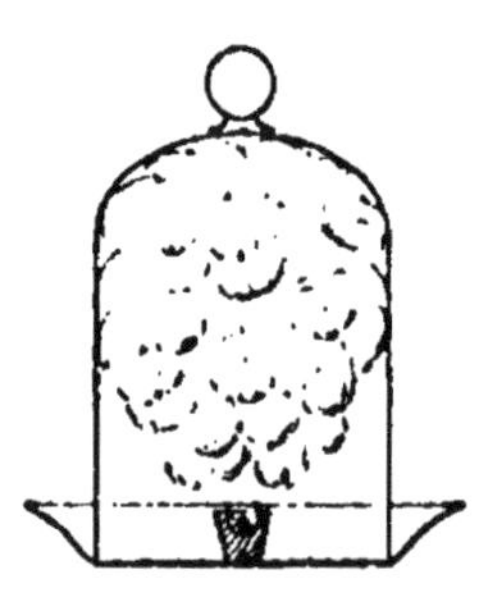

Fig. 50. — Production d'anhydride phosphorique.

La solution obtenue, maintenue quelque temps à l'ébullition, puis concentrée à consistance sirupeuse, donne par refroidissement des cristaux blancs d'acide phosphorique : PO^4H^3.

$$P^2O^5 + 3\,H^2O = 2\,PO^4H^3.$$

Ces cristaux fondent à 41°,7. Leur solution rougit le méthylorange; l'*acide phosphorique* est donc un *acide fort*. Si on neutralise cet acide par de la soude en présence de méthylorange, puis qu'on évapore la liqueur, on obtient un sel PO^4H^2Na, le *phosphate monosodique*.

$$PO^4H^3 + NaOH = PO^4NaH^2 + H^2O.$$

Ce phosphate est un sel acide, puisqu'il contient encore de l'hydrogène; mais c'est un acide faible, puisqu'il ne rougit pas le méthylorange.

Mettons-le en solution dans l'eau en présence de phtaléine, et versons de la soude jusqu'à ce que la phtaléine commence à rougir; évaporons, nous obtenons le phosphate disodique PO^4Na^2H.

C'est le phosphate de soude du commerce, sel très beau, très bien cristallisé : $PO^4Na^2H.12H^2O$. Ce sel est encore un sel acide, mais c'est un acide très faible; il bleuit même la teinture de tournesol rouge. Il existe bien cependant un phosphate trisodique PO^4Na^3; mais ce sel en présence de l'eau est toujours *partiellement* décomposé :

$$PO^4Na^3 + H^2O = PO^4Na^2H + NaOH$$

et la soude libre colore en rouge la phtaléine.

L'acide phosphorique est donc un acide triple, mais il est une seule fois un acide fort.

40. **Phosphates et superphosphates.** — Les phosphates des métaux alcalins sont des sels bien cristallisés et solubles dans l'eau. Les phosphates neutres des autres métaux sont insolubles; mais en présence des acides forts ils se transforment en phosphates acides solubles. Ces phosphates sont donc en général insolubles en liqueur neutre et solubles en liqueur acide.

Le plus important des phosphates est le phosphate de calcium ou phosphate tricalcique $P^2O^8Ca^3$. On le trouve disséminé dans toutes les terres fertiles; il forme des nodules dans le *gault*, des amas considérables dans certaines régions (Ariège, Lot, Algérie, Tunisie). Le guano renferme quarante pour cent de phosphates.

Le phosphate tricalcique du sol est insoluble, mais l'eau chargée de gaz carbonique, les acides des racines le dissolvent lentement. C'est ainsi que le phosphore pénètre dans l'organisme végétal, puis animal. Chez les animaux, il s'accumule dans le tissu nerveux et dans les os où il est un des constituants de la partie minérale dure. Les os grillés, pour détruire la matière organique, sont constitués par du phosphate tricalcique et du carbonate de calcium.

Si on traite le phosphate tricalcique du sol ou des os, par de l'acide sulfurique concentré, on a la réaction

$$P^2O^8Ca^3 + 2\,SO^4H^2 = 2\,SO^4Ca + P^2O^8H^4Ca.$$

On obtient du sulfate de calcium et du phosphate monocalcique ou *superphosphate*. Ce dernier, soluble dans l'eau, est un engrais excellent. En Europe, la production annuelle des superphosphates atteint trois millions de tonnes et consomme la majeure partie de l'acide sulfurique.

Si on pousse plus loin l'action de l'acide sulfurique sur le phosphate de chaux, on peut avoir l'acide phosphorique

$$P^2O^8Ca^3 + 3\,SO^4H^2 = 3\,SO^4Ca + 2\,PO^4H^3,$$

qui, réduit par le charbon à très haute température, donne du phosphore.

On obtient aussi le phosphore en réduisant par le charbon, au four électrique, un mélange de silice et de phosphate de chaux. Il se forme du silicate de calcium, de l'oxyde de carbone et des vapeurs de phosphore, que l'on condense sous une couche d'eau.

Le phosphore est surtout employé pour la fabrication des allumettes.

Les allumettes sont des bouts de bois bien secs dont une extrémité est imprégnée de soufre ou de paraffine et garnie d'une pâte inflammable à base de phosphore ou mieux de sesquisulfure de phosphore (combustible) et de chlorate de potassium (comburant).

Les allumettes suédoises sont enduites simplement d'un mélange de chlorate de potassium, de sulfure d'antimoine et de colle forte. En les frottant sur un carton recouvert de phosphore rouge, de sulfure d'antimoine et de colle, on détache un petit fragment de phosphore qui prend feu et provoque l'inflammation de l'allumette.

CARBONE

41. Carbone : $C = 12$. — Le carbone ou charbon se présente sous les aspects les plus divers, mais on reconnaît le charbon pur à ce que 12g de ce corps donnent, en brûlant dans l'oxygène, 44g de gaz carbonique.

Le *diamant* est du carbone pur : on le trouve dans l'Inde, au Brésil, au Cap en octaèdres à faces légèrement arrondies. Il se distingue : par sa densité, 3,5, très supérieure à celle des autres variétés de charbon, par son éclat, sa limpidité et les jeux de lumière qui se produisent dans le diamant taillé.

La taille a pour résultat d'accroître le nombre des facettes, et par suite de multiplier les réflexions successives de la lumière à l'intérieur des cristaux. L'opération consiste à dégrossir d'abord le diamant au ciseau pour le libérer de la gangue qui l'entoure, puis à polir les facettes sur une meule en acier recouverte d'huile et de poussière de diamant.

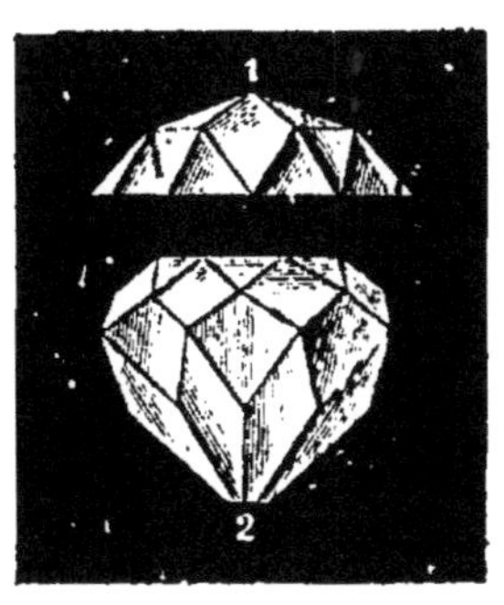

Fig. 51. — Diamants taillés : 1, en rose. 2, en brillant.

Le diamant peut être taillé en *rose* ou en *brillant*.

Le diamant est le plus dur des corps, il raie le verre ; on emploie, pour attaquer les roches les plus dures, des forets d'acier munis de pointes de diamant.

Le diamant ne s'enflamme dans l'oxygène que vers 800° et produit uniquement du gaz carbonique. C'est donc du charbon pur. En réalité il laisse quelques dix millièmes de cendres composées de silice, de fer et de chaux.

Le *graphite* se rencontre en Sibérie et à Ceylan en masses noires, opaques, feuilletées ou fibreuses. Sa densité est 2,2. Il est mou et laisse sur le papier une trace noire, d'où son nom de graphite ; on l'emploie pour fabriquer les crayons. Mélangé aux corps gras, il forme le cambouis. Il est bon conducteur de la chaleur comme de l'électricité et sert à préparer des électrodes.

Les autres variétés de carbone, portées à très haute température, se transforment en graphite. On prépare aujourd'hui de grandes quantités de graphite artificiel en chauffant du coke au four électrique. Le charbon se transforme en graphite et les impuretés du coke sont en grande partie *volatilisées*.

Les diverses sortes de *charbon amorphe* proviennent de la décomposition des *matières organiques :* le sucre, par exemple, chauffé progressivement, fond d'abord, puis s'épaissit, se décompose et, finalement, au rouge, laisse un résidu solide et poreux, c'est le *charbon de sucre*.

De même, le *charbon de bois* s'obtient soit en chauffant

Fig. 52. — Combustion incomplète du bois en meule.

le bois au rouge dans des cornues (89), soit par le procédé des meules. Dans ce dernier, on entasse des branches, on les recouvre de terre, en ménageant des ouvertures pour l'arrivée de l'air et le tirage, et on met le feu à la masse. Une combustion lente et incomplète se produit, et la chaleur dégagée carbonise le bois.

Le *noir de fumée* s'obtient en brûlant des résines et en envoyant les fumées dans des chambres où le charbon se dépose ; il est d'autant plus fin qu'il va se précipiter plus loin du foyer. Le noir de fumée entre dans la composition de l'encre d'imprimerie et de l'encre de Chine.

Quant au *noir animal,* c'est le résidu de la calcination des os en vase clos. C'est en réalité la matière minérale poreuse de l'os imprégnée de charbon.

Le noir animal est employé comme décolorant. Si on le mélange par exemple avec du vin, ou avec un sirop de sucre brut, ou avec une huile de qualité inférieure et que l'on filtre la masse, le liquide passe incolore ou du moins en partie décoloré.

Les propriétés décolorantes du noir se retrouvent chez d'autres matières poreuses, chez certaines variétés d'argiles par exemple ; elles sont dues peut-être à une fixation mécanique de la couleur mais plus vraisemblablement à une oxydation de la matière colorante par l'oxygène occlus dans les pores du décolorant.

Les *combustibles naturels* se trouvent dans les profondeurs du sol ; ce sont des charbons plus ou moins purs, provenant de la décomposition incomplète des matières végétales.

L'*anthracite* est le plus ancien et le plus pur de ces combustibles. C'est un charbon friable, qui laisse environ 5 °/₀ de cendres minérales ; il brûle en dégageant beaucoup de chaleur. On en trouve en France près d'Angers et en Angleterre. Il sert surtout pour les poêles mobiles.

La *houille*, moins pure que l'anthracite, est en revanche bien plus abondante. Elle renferme encore beaucoup de matières organiques. Distillée au rouge cerise, elle donne des produits volatils : gaz de l'éclairage, goudrons de houille, ammoniaque, et laisse un résidu poreux de charbon mêlé de cendres, c'est le coke.

Enfin la *tourbe* et les *lignites* sont des combustibles de formation plus récente. Les *tourbières* sont des marais où la tourbe est en voie de formation.

Ces diverses variétés de charbon ont ce caractère commun d'être *infusibles*. Chauffé dans le four électrique, le charbon se volatilise lentement ; l'arc électrique contient le carbone à l'état de vapeur.

Le charbon est d'autant moins inflammable qu'il est plus conducteur; il est d'autant plus conducteur qu'il a été préparé à une température plus élevée.

Le charbon est plus ou moins poreux et il doit à cette porosité la propriété d'absorber les gaz, surtout ceux solubles dans l'eau. Ainsi, un morceau de charbon de bois chauffé au rouge, pour chasser les gaz qu'il peut contenir, éteint sous le mercure, à l'abri de l'air, puis introduit dans une éprouvette de gaz ammoniac, peut absorber quatre-vingt-dix fois son volume de ce gaz. Bien entendu, dans le vide, le gaz se dégagerait de nouveau.

Propriétés chimiques. — Le charbon ne se combine à l'hydrogène que dans l'arc électrique (84). Il est sans action sur le chlore.

Il brûle avec éclat dans l'oxygène, en produisant du *gaz carbonique* et en dégageant une quantité de chaleur considérable. La combustion du charbon est aujourd'hui la principale source industrielle de chaleur et d'énergie.

Le charbon est un réducteur, il réduit l'acide azotique (36), la vapeur d'eau au rouge (43) et les oxydes métalliques.

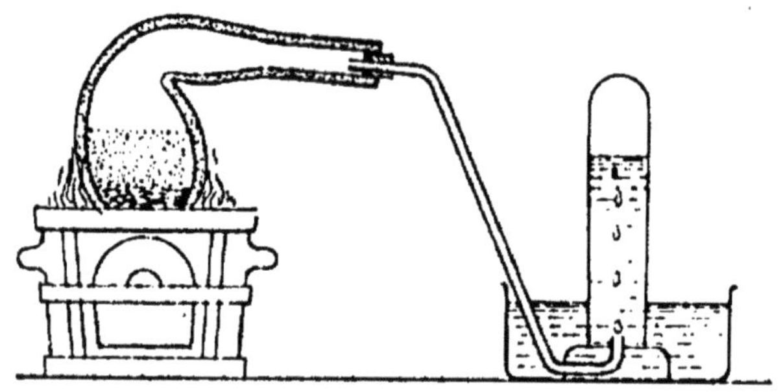

Fig. 53. — Réduction de la litharge par le charbon.

Chauffons au rouge, dans une cornue en grès, de l'oxyde de plomb (litharge) et de la houille.

Il se dégage du gaz carbonique et de l'oxyde de carbone et, après refroidissement, nous trouverons au fond de la cornue un culot de plomb :

$$2\,PbO + C = CO^2 + 2\,Pb.$$

Cette réduction des oxydes naturels par le charbon est fondamentale en métallurgie, le charbon est le *réducteur industriel*. Il permet même de réduire certains corps que l'hydrogène ne peut réduire.

La réduction d'un oxyde par le charbon peut donner lieu soit à la production du métal lui-même, soit à la formation d'un carbure métallique si la réduction s'effectue au four électrique. Ainsi la chaux vive nous donnera du *carbure de calcium*

$$CaO + 3\,C = CO + C^2Ca.$$

Vers 1500 à 2000°, le fer fondu dissout de petites quantités de charbon et donne une *fonte*. Celle-ci, après refroidissement, contient le carbone soit à l'état de *carbure*, c'est-à-dire combiné au fer, soit à l'état de *graphite* ou carbone libre disséminé dans la masse, suivant que le refroidissement est plus ou moins rapide.

On peut saturer le fer avec du carbone, en le fondant au four électrique dans un creuset de graphite sous une couche de poudre de charbon; si alors par immersion du creuset dans l'eau ou le plomb fondu on refroidit brusquement pour solidifier instantanément la surface du métal en fusion, il arrive parfois que l'on trouve dans la masse de très petits cristaux noirs très durs. Ce serait une *reproduction du diamant*.

42. Gaz carbonique : CO^2. — C'est le produit de la combustion du charbon dans l'oxygène. Nous démontrerions, comme pour l'anhydride sulfureux, que ce gaz contient son volume d'oxygène (30).

Si de 44g, poids de 22l,4 de gaz carbonique, on retranche 32g, poids de 22l,4 d'oxygène, la différence 12g représente le poids de charbon [1]. On convient de prendre précisément $C = 12$ pour poids atomique du charbon. La formule du gaz carbonique est donc CO^2.

C'est un gaz incolore, d'une odeur vineuse, d'une saveur aigrelette, peu soluble dans l'eau qui en dissout son propre volume; en comprimant ce gaz à 4 atm. en présence d'eau, on fabrique l'eau de Seltz. Celle-ci, arrivant à l'air, abandonne le gaz dissous.

L'anhydride carbonique est facilement liquéfiable, il bout à — 79° sous la pression atmosphérique; à 15° sa tension est de 50 atm.

On vend l'anhydride carbonique liquide dans des tubes en acier; on utilise sa force expansive pour mouvoir les torpilles. On le trouve aussi dans de petites ampoules en acier (sparklets) pour la préparation des boissons gazeuses.

Évaporé rapidement, il produit un abaissement de température qui atteint — 125° dans le vide, et se convertit partiellement en neige d'anhydride carbonique.

---

(1) Le gaz carbonique est donc 22 fois plus lourd que l'hydrogène dont 22l,4 pèsent 2g.

Le gaz carbonique est lourd : 1^l pèse près de 2^g ; on peut le transvaser facilement. D'un flacon plein de gaz carbonique, on peut déverser ce gaz dans une éprouvette dont le fond est occupé par de l'eau de chaux qui se trouble, ou par une bougie qui s'éteint.

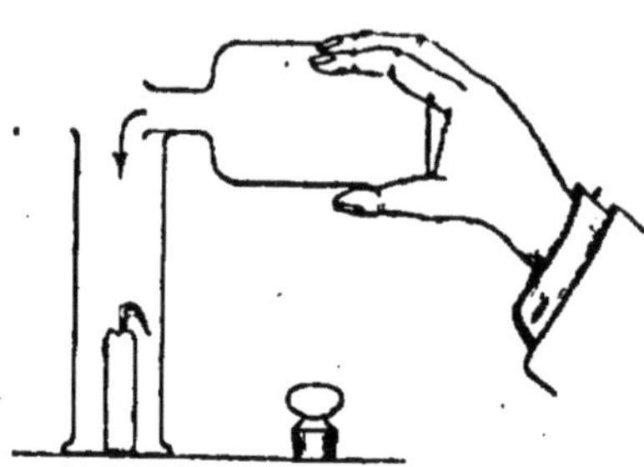

Fig. 54. — Le gaz carbonique est lourd. Il n'entretient pas la combustion.

Le gaz carbonique n'entretient pas en effet les combustions. Il n'entretient pas non plus la respiration.

Le précipité qui se forme lorsque le gaz carbonique trouble l'eau de chaux est du carbonate de calcium : CO^3Ca.

Le carbonate de calcium, très abondant dans la nature (craie, marbre), est le sel de calcium d'un acide carbonique CO^3H^2, inconnu, mais dont on peut admettre la présence dans les solutions de gaz carbonique :

$$CO^2 + H^2O = CO^3H^2.$$

Ces solutions se comportent d'ailleurs comme un acide faible ; elles rougissent faiblement le tournesol et sont sans action sur le méthylorange.

On va voir bientôt que la soude donne deux carbonates, le carbonate neutre CO^3Na^2 et le carbonate acide CO^3NaH. L'acide carbonique serait donc un acide double, comme l'acide sulfurique (32).

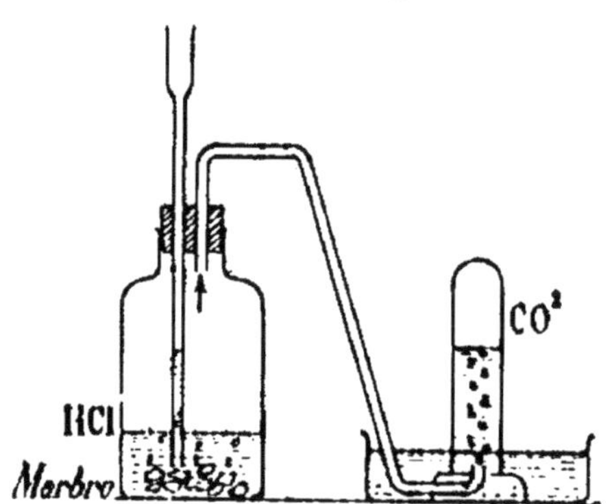

Fig. 55. — Préparation du gaz carbonique.

Préparation. — Un flacon contient du marbre concassé et de l'eau ; par un tube à entonnoir on verse de l'acide chlorhydrique. Celui-ci, acide énergique, met en liberté le gaz carbonique. On a la réaction

$$CO^3Ca + 2\,HCl = CaCl^2 + H^2O + CO^2.$$

Le gaz carbonique est recueilli sur l'eau. Si on voulait l'avoir pur et sec, on devrait le laver pour le débarrasser de l'acide chlorhydrique entraîné, le dessécher sur de l'acide sulfurique et le recueillir sur le mercure [1].

Dans l'industrie, on utilise encore l'action de l'acide sulfurique sur la craie pulvérisée. En fait, le gaz carbonique de l'industrie provient des fours à chaux, des cuves de fermentation et de la combustion du charbon.

43. Oxyde de carbone : CO. — Sur une longue colonne de charbon chauffé au rouge, faisons passer lentement un certain volume de gaz carbonique, déplacé par exemple d'un flacon A : nous recueillons en B *un volume double* d'un gaz incolore, inodore, *qui ne trouble pas l'eau de chaux*, qui est difficilement liquéfiable (bout à — 190°), insoluble dans l'eau et un peu plus léger que l'air (1 litre pèse $1^g,25$).

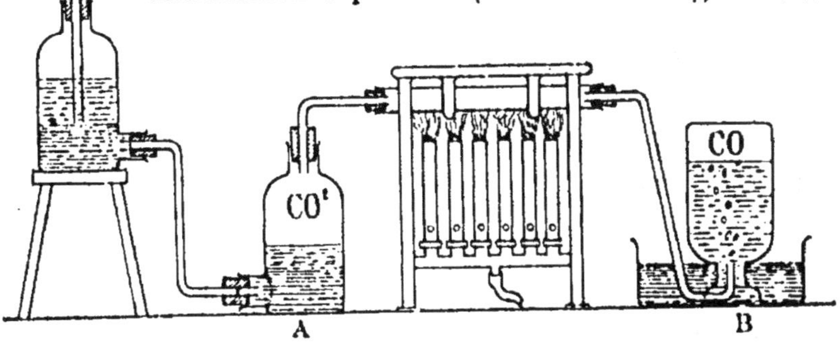

Fig. 56. — Réduction du gaz carbonique par le charbon.

C'est l'*oxyde de carbone*. Ce gaz brûle avec une flamme bleue en redonnant du gaz carbonique qui trouble l'eau de chaux.

20^{cm^3} d'oxyde de carbone, introduits dans un eudiomètre avec 10^{cm^3} d'oxygène, donnent après combustion 20^{cm^3} de gaz carbonique, complètement absorbable par la soude. Ainsi $22^l,4$ d'acide carbonique CO^2, sont formés de $11^l,2$ d'oxygène O et $22^l,4$ d'oxyde de carbone.

La formule de celui-ci est dès lors CO.

L'équation $CO + O = CO^2$

---

(1) La solution de chlorure de calcium concentrée, puis chauffée à 250°, donnerait le chlorure de calcium poreux $CaCl^2.2H^2O$ employé pour dessécher les gaz.

représente la combustion de l'oxyde de carbone ; la réduction du gaz carbonique par le charbon

$$CO^2 + C = 2\,CO$$

donne bien un volume de CO double du volume de CO^2.

L'oxyde de carbone brûle avec un grand dégagement de chaleur, qui est utilisé aujourd'hui pour le chauffage industriel. En effet, de l'air passant sur une longue colonne de charbon allumé à sa partie inférieure, donnera d'abord du gaz carbonique qui sera ramené ensuite à l'état d'oxyde de carbone. C'est le principe du *gazogène Siemens ;* celui-ci se compose d'une simple grille inclinée sur laquelle on entasse du charbon. L'air arrivant sous la grille donne CO^2 puis CO ; on a finalement un mélange *combustible* dont nous verrons plus tard (63,3°) l'utilisation.

C'est ce qui a lieu d'ailleurs dans une cheminée ; l'air qui arrive sous la grille donne d'abord du gaz carbonique, celui-ci s'élevant dans la couche de charbon donne de l'oxyde de carbone qui vient à son tour rencontrer l'air aspiré par le tirage de la cheminée et qui lèche la surface du tas. On peut alors observer une flamme bleue, celle de l'oxyde de carbone qui donne du gaz carbonique.

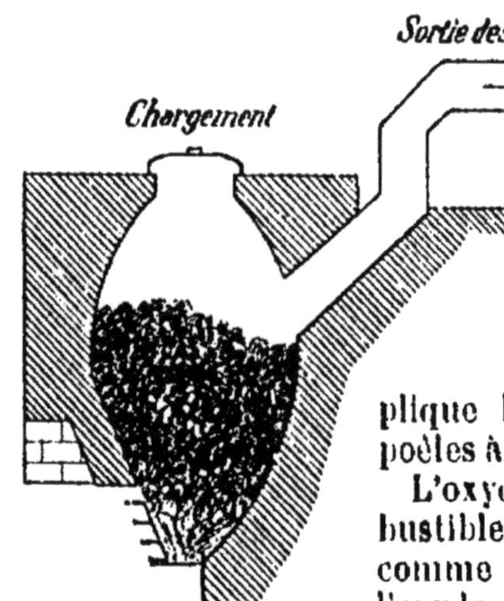

Fig. 57. — Gazogène Siemens.

Ainsi l'oxyde de carbone se forme dans toutes les combustions incomplètes et par suite quand l'air est en proportion insuffisante. Comme l'oxyde de carbone est un *poison violent*, on s'explique le danger présenté par les poêles à combustion lente.

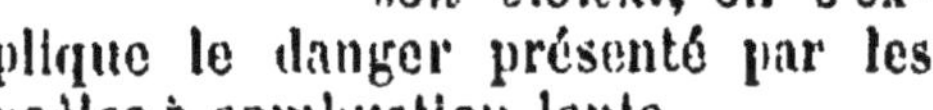

L'oxyde de carbone, étant combustible, est dès lors un réducteur comme l'hydrogène. Passant sur de l'oxyde de cuivre chauffé au rouge, il donne du cuivre :

$$CuO + CO = Cu + CO^2.$$

Dans la métallurgie du fer, dans les hauts fourneaux, l'oxyde de carbone formé réduit de même l'oxyde de fer.

Enfin l'oxyde de carbone prend naissance dans la réduction de la vapeur d'eau par le charbon au rouge vif.

On a la réaction

$$C + H^2O = CO + 2 H.$$

Le mélange d'hydrogène et d'oxyde de carbone ainsi obtenu

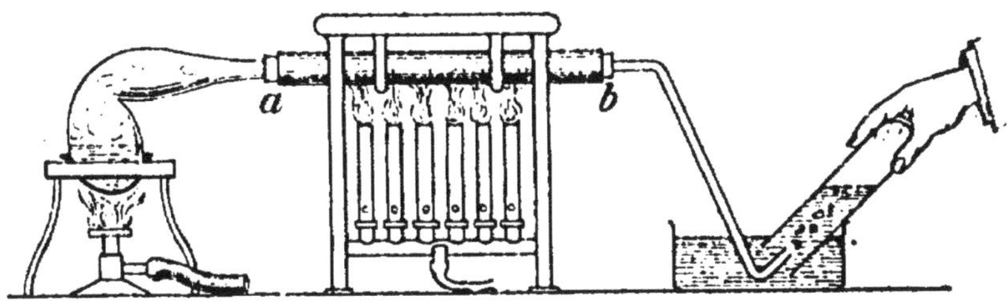

Fig. 58. — Réduction de la vapeur d'eau par le charbon.

(gaz à l'eau) est employé aujourd'hui pour le chauffage et l'éclairage par incandescence et pour les moteurs. On en ajoute aussi au gaz d'éclairage après l'avoir carburé, c'est-à-dire chargé de vapeurs de benzine pour rendre sa flamme éclairante.

44. Sulfure de carbone : CS^2. — Il résulte de la combinaison directe du soufre et du charbon ; on l'obtient en faisant passer de la vapeur de soufre sur une colonne de charbon chauffé au rouge ; on le condense dans des récipients en fer plongés dans l'eau froide.

C'est un liquide incolore, mobile, très réfringent, plus lourd que l'eau, $d_0 = 1,293$ et 1,263 à 20°. Il a une odeur éthérée lorsqu'il est pur, mais le plus souvent il renferme des impuretés. Il bout à 46°, il est donc très volatil et comme il est très inflammable, il est d'un maniement dangereux.

Il brûle en donnant du gaz carbonique et de l'anhydride sulfureux :

$$CS^2 + 6O = CO^2 + 2 SO^2.$$

Il agit sur les oxydes métalliques comme réducteur et donne du gaz carbonique et un sulfure métallique.

Il ne se mélange pas avec l'eau, mais par contre il dissout la plupart des matières organiques, les graisses par exemple d'où son emploi dans l'extraction des corps gras et l'industrie des parfums.

Il dissout aussi le phosphore et le soufre et intervient dans la vulcanisation du caoutchouc.

Il donne avec les sulfures alcalins des sulfocarbonates :

$$K^2S + CS^2 = CS^3K^2$$

analogues aux carbonates. Les sulfocarbonates servent à combattre le phylloxera.

SILICE. — VERRES. — ACIDE BORIQUE

---

45. Silice : SiO^2 (oxyde de silicium). — La silice cristallisée n'est autre que le *quartz* ou *cristal de roche* que l'on trouve en magnifiques cristaux sous forme de prismes hexagonaux terminés par des pointements pyramidaux à six faces.

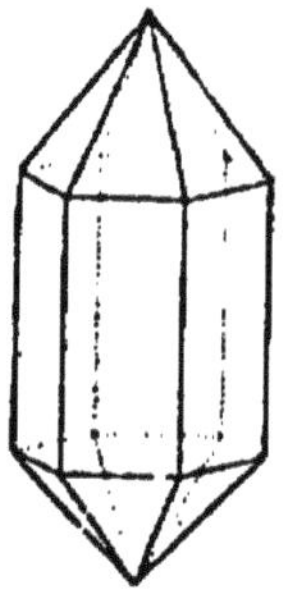

Fig. 59. — Cristal de quartz.

Le quartz est incolore et transparent, cependant il peut être coloré par des oxydes étrangers (améthyste) ; le caillou du Rhin, l'œil de chat sont des quartz qui ont été roulés par les eaux. La densité du quartz est 2,6.

La calcédoine, l'agate, l'onyx, l'opale, le silex, la pierre meulière, le grès, le sable sont des variétés de silice plus ou moins pure.

Si on les attaque au rouge par de la soude, on a du silicate de sodium fondu qui par refroidissement donne un *verre soluble* dans l'eau.

Si, dans la solution ainsi obtenue, on verse de l'acide chlorhydrique, on obtient un précipité gélatineux de silice hydratée. On peut se rendre compte de cette réaction, en écrivant l'équation

$$SiO^3Na^2 + 2\,HCl = 2\,NaCl + SiO^3H^2.$$

La silice gélatineuse chauffée au rouge donne une poudre blanche, rugueuse, qui happe à la langue ; c'est la silice desséchée SiO^2.

La silice fond vers 1800°, elle se volatilise dans le four électrique ; elle est absolument insoluble dans l'eau. Cependant si on traite par un acide une solution très étendue de silicate de soude, la silice peut rester dissoute (silice soluble), ce qui explique la présence de traces de silice dans les eaux courantes.

La silice peut être réduite par le charbon au four électrique. On obtient ainsi un carbure de silicium, SiC, c'est le carborundum

$$SiO^2 + 3\,C = 2\,CO + SiC.$$

Celui-ci est aussi dur que le diamant. Il sert au forage des roches dures et dans l'exécution des revêtements réfractaires.

La silice récemment précipitée se dissout avec plus ou moins de facilité dans les alcalis en donnant des silicates ; la silice est donc l'anhydride d'un acide silicique.

Les *silicates* alcalins sont seuls solubles. Les silicates sont des sels de constitution très complexe, mais qui ont une très grande importance, parce qu'ils forment la majeure partie des roches. Le silicium est après l'oxygène l'élément le plus abondant de l'écorce terrestre, mais le silicium n'a pas par lui-même d'intérêt pratique.

46. Verres. — Lorsqu'on met en présence un solide et un liquide, on peut obtenir un liquide homogène et généralement transparent que l'on appelle une *solution*. Si on refroidit cette solution il arrive en général que des cristaux se séparent ; par un refroidissement suffisamment énergique la solution elle-même se prend en masse (eutectique) de sorte que l'on obtient finalement un magma qui n'est plus ni homogène ni transparent. C'est le cas de la plupart des *alliages*.

Certaines solutions soumises au refroidissement s'épaississent de plus en plus, deviennent pâteuses, puis finalement se transforment en un solide très dur, mais qui n'a rien perdu de son homogénéité ni de sa transparence. On a alors une *solution solide*.

Les *verres* sont des solutions solides. Ils sont caractérisés par leur transparence et une cassure particulière (cassure vitreuse ou conchoïde) à bords tranchants et à surfaces arrondies.

Cet état vitreux n'est stable qu'à basse température. Le verre maintenu longtemps au voisinage du rouge s'altère et devient opaque (*dévitrification*).

La silice est la matière fondamentale des verres ; mais la silice est réfractaire. On unit alors la silice aux oxydes alcalins et à la chaux ; si les silicates alcalins sont fusibles, ils sont par contre solubles dans l'eau (verre soluble); quant aux silicates de chaux, ils sont peu fusibles et de plus ils se dévitrifient, c'est-à-dire que la solution solide cristallise à la longue. En les mélangeant on a des produits qui ne sont ni solubles ni cristallisables, et qui sont suffisamment fusibles. Ce sont les verres ordinaires ou silicates doubles de sodium et de calcium. Le verre dur (Bohême) est à base de chaux et de potasse. Dans le *cristal*, la chaux est remplacée par de l'oxyde de plomb. Le cristal a plus d'éclat que le verre, il est plus réfringent, d'où son emploi en optique ; il est aussi plus facile à tailler.

Pour préparer un verre, on fond ensemble un mélange intime de sable ou de quartz, de carbonates alcalins ou de cendres ou de sulfate de sodium avec du marbre ou de la craie.

Pour le cristal on remplace le calcaire par du minium (oxyde de plomb) et on ajoute à la silice du borax (fausses pierres précieuses).

Lors de l'emploi du sulfate de sodium, il faut ajouter du charbon pour réduire ce sel (32) et le rendre apte à la vitrification.

Si ces matières étaient bien pures, le verre serait incolore; mais l'oxyde de fer colore le verre (verre à bouteilles).

On ajoute au mélange des décolorants et en particulier du bioxyde de manganèse (*savon des verriers*). Ceux-ci agissent comme oxydants, ils brûlent les matières organiques, et ils peuvent aussi, employés en proportion convenable, donner au verre une teinte *complémentaire* de la teinte primitive.

Les verres peuvent être colorés par des oxydes de cobalt (bleu) de fer ou de chrome (vert), de manganèse (brun), de cuivre (rouge).

La cuisson s'effectue dans des récipients en terre réfractaire chauffés vers 1200°.

Il faut que la pâte soit parfaitement fluide.

Un verre fondu ne se solidifie pas à une température déterminée, il s'épaissit peu à peu; inversement si on le chauffe au rouge ou près du rouge, il se ramollit et peut alors se souffler et se travailler facilement. Ce travail se fait de plus en plus aujourd'hui par des procédés mécaniques.

Les *émaux* sont des verres opaques obtenus en ajoutant à la pâte des matières infusibles : bioxyde d'étain ou phosphate de chaux et qu'on colore souvent par des oxydes métalliques.

Le verre est dur : cependant le diamant, l'acier, le chrome peuvent le rayer; mais, par contre, il est fragile. On donne de la résistance au verre en lui incorporant un treillis métallique en fil de fer (verre armé).

On exagère la dureté du verre en le trempant, c'est-à-dire en le refroidissant brusquement par immersion dans l'eau froide (*larmes bataviques*) ou dans un bain d'huile chaude (gobeleterie, verres de lampe). Mais le verre trempé est dans un état mécanique instable ; s'il peut résister aux chocs du marteau, la moindre vibration peut le réduire en poussière. Aussi ne peut-on pas le couper au diamant comme le verre non trempé.

Le verre trempé reprend ses propriétés primitives par le recuit, c'est-à-dire si on le maintient longtemps à une température voisine du ramollissement du verre.

Le verre est mauvais conducteur de la chaleur et de l'électricité.

47. Acide borique : BO^3H^3. $B = 11$. — En Toscane, l'acide borique, entraîné par de la vapeur d'eau, s'échappe du sol par des crevasses (*suffioni*) à l'ouverture desquelles on a creusé de petites cuvettes (*lagoni*) où l'on maintient de l'eau froide. La vapeur d'eau s'y condense et avec elle l'acide borique. En évaporant la solution, on obtient l'acide borique brut.

On trouve aussi des borates naturels de calcium, de magnésium, ou de sodium.

En fondant l'acide borique brut ou les borates naturels avec du carbonate de soude, on obtient le borax (borate de sodium). On purifie ce sel facilement, il suffit de le dissoudre dans de l'eau chaude et de laisser refroidir. Le borax, beaucoup plus soluble dans l'eau chaude que dans l'eau froide, donne des cristaux volumineux : $B^4O^7Na^2.10H^2O$.

Ce sel, chauffé, perd l'eau qu'il renferme et se boursoufle, puis fond de nouveau au rouge. Le borax fondu dissout les oxydes et les sels métalliques. A ce titre, il sert au décapage des métaux en vue de la soudure; les perles diversement colorées qu'il forme avec les divers métaux donnent un moyen de distinguer ceux-ci.

Le borax sert à préparer l'acide borique pur : dans une solution chaude de ce sel, on verse un léger excès d'acide chlorhydrique. On a la réaction

$$B^4O^7Na^2 + 2\,HCl + 5\,H^2O = 2\,NaCl + 4\,.\,BO^3H^3.$$

Par refroidissement l'acide cristallise en paillettes légères et nacrées.

Chauffé, il perd l'eau qu'il renferme et fond au rouge en une masse qui par refroidissement donne un verre, c'est l'anhydride borique fondu, B^2O^3.

Celui-ci n'est volatil qu'au rouge blanc, et cependant l'acide borique est entraîné très facilement par la vapeur d'eau bouillante et surtout par l'alcool.

L'acide borique est beaucoup plus soluble dans l'eau bouillante $\left(\frac{1}{3}\right)$ que dans l'eau froide $\left(\frac{1}{30}\right)$. L'alcool qui a dissous l'acide borique brûle avec une flamme qui est verte sur les bords.

L'acide borique est un acide faible sans action sur le méthylorange. Il donne des borates, d'où il est déplacé par les autres acides plus forts.

L'acide borique est employé comme antiseptique faible et aussi parfois pour la conservation de certains produits alimentaires.

Quant au *bore* lui-même, on l'obtient en réduisant l'anhydride borique par le *magnésium*. On a la réaction

$$B^2O^3 + 3\,Mg = 2\,B + 3\,MgO.$$

Le bore est remarquable par l'énergie avec laquelle il se combine à l'oxygène, il réduit même l'oxyde de carbone. Il est sans application pratique.

Nous terminons ici l'étude des métalloïdes les plus importants.

MÉTAUX
ALCALINS ET ALCALINO-TERREUX [1]

Les métaux sont des corps simples; ils donnent avec l'oxygène au moins un oxyde basique (24) et ils jouent dans les électrolyses le rôle d'anion; ceci les différencie des métalloïdes.

COMPOSÉS DU SODIUM

48. **Chlorure de sodium.** — Le chlorure de sodium ou sel marin est le composé le plus important du métal le sodium. Ce sel est la matière première de l'industrie du chlore (16) et des composés du sodium.

Un litre d'eau de mer renferme environ 25g de chlorure de sodium et 2g,5 d'autres sels: du chlorure et du sulfate de magnésium (sels amers), du chlorure de potassium, du sulfate de calcium.

L'eau est évaporée au soleil de l'été dans de grands bassins à fond plat où elle circule lentement, ce sont les *marais salants.* L'eau suffisamment concentrée est alors conduite dans des bassins plus petits appelés *tables salantes* où se déposent : d'abord le sel de première qualité qui sert pour l'alimentation, puis le sel destiné à l'industrie chimique, enfin celui qui est employé aux salaisons. Il reste finalement des eaux-mères d'où on peut extraire différents produits, tels les sels de magnésium.

Le sel recueilli, mis en tas, abandonné aux premières pluies, se débarrasse des sels amers plus solubles.

On trouve aussi dans les profondeurs du sol, des dépôts de *sel gemme* provenant de l'évaporation de mers anciennes. Le sel gemme peut être dissous dans l'eau et la solution lentement évaporée à chaud dans de grands bassins en tôle appelés *poêles*. Les cristaux obtenus sont d'autant plus gros que

---

[1] Les métaux alcalins et alcalino-terreux figurent au programme de la classe de Seconde ; les généralités et la plupart des développements relatifs aux métaux, au programme de la classe de Première (p. 101 et suiv.).

l'évaporation est plus lente et que les levages sont moins fréquents (sel de quarante-huit heures, gros sel), mais le sel fin est plus pur, parce qu'il est plus facile à laver.

L'exploitation des marais salants se pratique surtout sur les bords de la Méditerranée; les principales salines se trouvent en Franche-Comté, en Suisse, en Lorraine et en Allemagne, à Stassfurt. Le sel pur est un solide blanc, transparent, en cristaux cubiques accolés en pyramides creuses ou *trémies* (*fig.* 29).

100g d'eau dissolvent 35g de sel à la température ordinaire et 40g à 100°. Les gros cristaux de sel retiennent toujours de l'eau interposée : lorsqu'on les chauffe, cette eau se vaporise et fait éclater les cristaux, le sel *décrépite*.

Le sel fond au rouge, on peut le couler sur des plaques de fonte, il se solidifie et on le concasse au marteau (sel marin fondu).

Le sel est employé pour l'alimentation, pour les salaisons, dans l'industrie du chlore et des composés du sodium ; il donne avec la neige ou la glace un mélange fusible et dont la température peut s'abaisser à — 18°. Cette propriété est utilisée dans les laboratoires (mélange réfrigérant) et aussi pour fondre la neige sur la voie publique.

Le sel est un produit de première importance et de première nécessité.

49. Sulfate de sodium. — Le *sulfate de sodium* s'obtient industriellement, nous l'avons vu (21), en traitant le sel marin par l'acide sulfurique concentré à 300°. On a la réaction

$$2\ NaCl + SO^4H^2 = SO^4Na^2 + 2\ HCl;$$

c'est à la fois la préparation du gaz chlorhydrique et du sulfate de sodium.

La réaction s'effectue en deux phases : production du sulfate acide SO^4NaH, puis du sulfate neutre SO^4Na^2. Les fours, en briques réfractaires, présentent deux compartiments : la cuvette et la calcine ; celle-ci est chauffée directement, on utilise pour la première la chaleur perdue du foyer. Le mélange est poussé de la cuvette vers la calcine, en contre-bas de la cuvette, par des agitateurs mécaniques. Comme le gaz chlorhydrique est souvent mélangé avec les gaz du foyer, les appareils de condensation sont assez compliqués. Ils consistent en des séries de bonbonnes contenant de l'eau et des tours pleines de coke sur lequel l'eau ruisselle.

Le sulfate de sodium est utilisé dans la préparation du carbonate de sodium et du verre.

Il est soluble dans 2 parties d'eau tiède à 33°, mais par refroidissement de la solution on peut obtenir de magnifiques cristaux de sel hydraté $SO^4Na^2,10\,H^2O$.

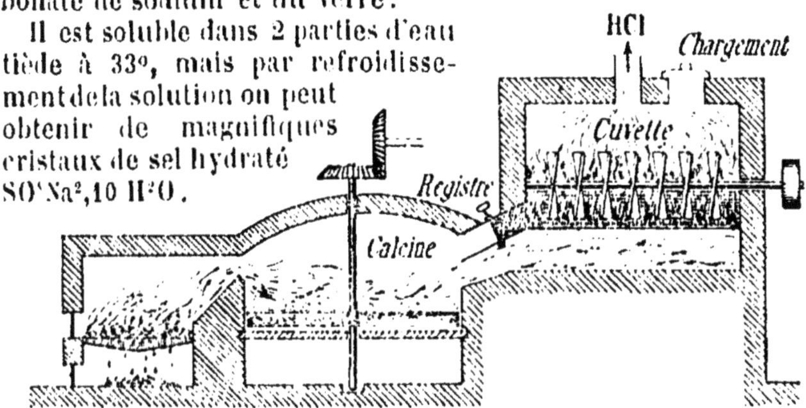

Fig. 60. — Four mécanique à sulfate.

La solubilité de cet hydrate, faible dans l'eau froide, augmente rapidement avec la température jusqu'à 33° (maximum de solubilité). Au-delà l'hydrate se détruit et on obtient une masse de sel déshydraté surmontée d'une couche d'eau saturée de sel.

Celle-ci par refroidissement peut redonner de nouveaux cristaux.

Parfois aussi les cristaux de sel hydraté ne se forment pas spontanément par le refroidissement. Il suffit alors d'introduire dans la liqueur un cristal de sulfate hydraté pour que la cristallisation se produise aussitôt. C'est le phénomène de la *sursaturation*.

Le sulfate de soude est employé comme purgatif, on le rencontre dans certaines eaux thermales et dans l'eau de mer.

Il donne avec l'acide chlorhydrique concentré un mélange réfrigérant.

50. **Carbonate de sodium**. — Le *carbonate neutre de sodium* CO^3Na^2, appelé aussi *soude* dans le commerce et *qu'il ne faut pas confondre avec la soude caustique* NaOH, est un sel blanc soluble à froid et très soluble dans l'eau chaude, mais notablement plus à 38° (maximum). Cette solution laisse déposer par refroidissement un hydrate : $CO^3Na^2,10\,H^2O$. Ce sont les *cristaux de soude* très employés pour le blanchiment.

Ces cristaux *s'effleurissent* à l'air, c'est-à-dire qu'ils perdent leur transparence et se transforment en une poudre blanche d'un sel *moins* hydraté : CO^3Na^2,H^2O.

Un grand nombre de sels hydratés, le sulfate de sodium par exemple, éprouvent le phénomène de *l'efflorescence*. Les composés *déliquescents* sont ceux qui, au contraire, attirent l'humidité de l'air, tel le chlorure de calcium.

Si on fait passer un courant de gaz carbonique dans une solution de carbonate neutre, celui-ci se tranforme en *bicarbonate de sodium :*

$$CO^3Na^2 + CO^2 + H^2O = 2CO^3NaH$$

et comme ce nouveau sel est relativement *peu soluble* dans l'eau (huit pour cent), si la solution de carbonate neutre est suffisamment concentrée, le *bicarbonate se précipite*.

Le bicarbonate de sodium : CO^3NaH, ou *sel de Vichy*, est une poudre blanche, légère que l'on emploie pour combattre les aigreurs d'estomac.

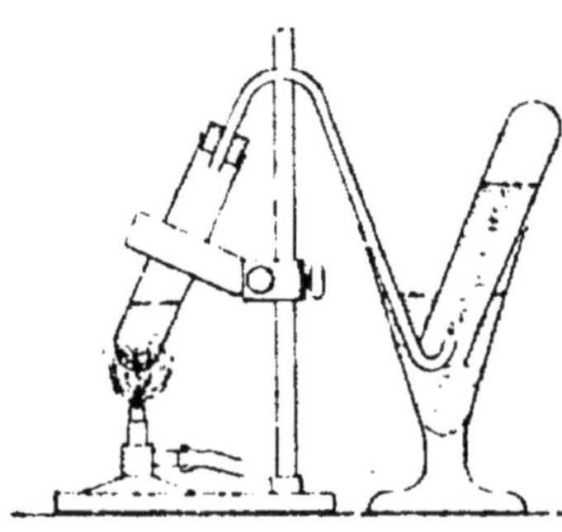

Fig. 61. — Calcination du bicarbonate de sodium.

Calciné, il perd la moitié du CO^2 qu'il contient et redonne du carbonate neutre et de l'eau

$$2CO^3NaH = CO^3Na^2 + H^2O + CO^2.$$

Le carbonate neutre de sodium est au contraire indécomposable par la chaleur ; on peut le fondre au rouge sans l'altérer. Par contre, le charbon le réduit à très haute température en donnant du *sodium*

$$CO^3Na^2 + 2C = 3CO + 2Na;$$

c'est ainsi qu'on préparait jadis le sodium.

51. Industrie de la soude. — La soude industrielle provient de trois origines :

a. Les soudes et potasses naturelles sont des mélanges de carbonates de sodium et de potassium avec d'autres sels (sulfates et chlorures). On les obtient en brûlant des matières végétales. Celles-ci, constituées en majeure partie par de la cellulose, renferment en outre, entre autres principes, des sels organiques alcalins ; de sorte qu'après combustion de la matière organique, il reste des *cendres*. Ces cendres plus ou moins riches en carbonates alcalins servent directement au blanchiment; mais on peut les lessiver méthodiquement, et évaporer les solutions ainsi obtenues. Les végétaux qui poussent au bord de la mer (algues, varechs) sont surtout riches en sels de soude (soudes d'Espagne), ceux qui croissent à l'intérieur des terres donnent des potasses (potasses de Russie, d'Amérique, etc.).

La *soude artificielle* s'obtient en partant du *chlorure de sodium* et du *carbonate de calcium* (calcaire). On emploie comme agents de transformation soit l'acide sulfurique (procédé Leblanc), soit l'ammoniaque (procédé Solvay).

b. Soude Leblanc. — Le *chlorure de sodium*, traité par l'*acide sulfurique* concentré, donne de l'acide chlorhydrique (matière première de l'industrie du chlore) et du *sulfate de sodium* :

$$2\,NaCl + SO^4H^2 = SO^4Na^2 + 2\,HCl.$$

Puis on calcine un mélange de sulfate de sodium, de craie (carbonate de calcium) et de *charbon* (exactement de houille). Par double décomposition, il se forme du carbonate de sodium et du sulfate de calcium que le charbon réduit à l'état de sulfure de calcium (**32**, sulfates).

On a la réaction

$$SO^4Na^2 + CO^3Ca + 2\,C = CO^3Na^2 + CaS + 2\,CO^2.$$

Cette réaction, qui exige une température très élevée, s'effectue dans un four à réverbère, formé d'un cylindre horizontal de grandes dimensions, tournant automatiquement autour de son axe et chauffé par un foyer latéral. La chaleur perdue sert à la concentration des *lessives*.

L'opération terminée, la masse, refroidie à l'air, est lavée méthodiquement pour enlever la soude, tandis que le sulfure de calcium, peu soluble, formera un résidu : les charrées de soude. On peut en régénérer le soufre.

Les lessives concentrées dans des bassines donneront par évaporation la *soude brute* et par refroidissement les *cristaux de soude*.

Il reste une eau mère (eau rouge) chargée de sulfures et fortement alcaline. En effet, dans la réaction précédente, le calcaire éprouve toujours une légère décomposition; il se forme de la chaux libre qui réagit, pendant les lavages, sur le carbonate de sodium et donne de la *soude caustique*. Après traitement convenable, la soude caustique des eaux rouges, peut être utilisée dans la fabrication des savons communs.

Le procédé Leblanc a l'inconvénient d'exiger une température très élevée, une consommation considérable d'acide sulfurique et de charbon, et d'entraîner une surproduction d'acide chlorhydrique; aussi est-il remplacé aujourd'hui par le procédé Solvay.

c. Soude Solvay (procédé à l'ammoniaque). — La méthode repose en principe sur la *faible solubilité du bicarbonate de sodium*.

L'intermédiaire choisi pour passer du système

$$2\ NaCl + CO^3Ca \quad \text{au système} \quad CaCl^2 + CO^3Na^2$$

est l'*ammoniaque*.

Une solution d'ammoniaque saturée de *sel* est soumise à l'action du gaz carbonique; il se forme du bicarbonate d'ammonium qui réagit sur l'excès de chlorure de sodium et *précipite du bicarbonate de sodium* peu soluble :

(1) $$2\ NH^3 + 2\ H^2O + 2\ CO^2 = 2\ CO^3H.NH^4,$$

(2) $$2\ CO^3H.NH^4 + 2\ NaCl = 2\ CO^3NaH + 2\ NH^4Cl.$$

Ce bicarbonate, rapidement lavé, séché et calciné (50) donne du *carbonate neutre* de sodium :

(3) $$2\ CO^3NaH = CO^3Na^2 + H^2O + CO^2.$$

Le gaz carbonique pourra servir à une nouvelle opération. D'autre part, du chlorhydrate d'ammoniaque, on *régénère l'ammoniaque* au moyen de la chaux (35) :

(4) $$2\ NH^4Cl + CaO = CaCl^2 + 2\ NH^3 + H^2O,$$

mais la chaux elle-même s'obtient par calcination du calcaire qui fournit aussi le gaz carbonique :

(5) $$CO^3Ca = CaO + CO^2.$$

De sorte que, finalement, les cinq équations ci-dessus ajoutées membre à membre, se réduisent à celle-ci

$$2\ NaCl + CO^3Ca = CaCl^2 + CO^3Na^2.$$

L'ammoniaque n'est donc qu'un intermédiaire; mais, comme l'ammoniaque mise en œuvre représente plusieurs fois la valeur du produit obtenu, le procédé Solvay ne devient rémunérateur qu'à la condition d'éviter toute perte d'alcali volatil, en opérant dans des appareils parfaitement clos et d'ailleurs assez compliqués.

Il ne faut pas perdre de vue que les diverses opérations nécessitent une dépense de chaleur, c'est-à-dire de *charbon*.

Usages. — La soude du commerce ou *sel de soude* est un

produit industriel de première importance, dont la production annuelle, pour la France seule, dépasse 200 000 tonnes.

Ce produit est utilisé pour le blanchiment, dans l'industrie chimique et en particulier dans la fabrication de la soude caustique, des savons, des verres et des différents sels de sodium.

52. Soude caustique. — L'électrolyse du sel marin fournit aujourd'hui la totalité du sodium et une assez grande proportion de soude caustique Mais l'industrie chimique prépare encore la plus grande partie de la *soude caustique* en *caustifiant* le carbonate de soude au moyen de la chaux.

On fait bouillir, dans de grandes bassines en fonte, une solution de carbonate de soude dans 8 parties d'eau avec un excès de chaux éteinte, en agitant constamment. La chaux déplace la soude du carbonate, quand celui-ci est en solution étendue, en donnant du carbonate de calcium insoluble, qui se précipite :

$$CO^3Na^2 + Ca(OH)^2 = CO^3Ca + 2\,NaOH.$$

On décante la solution de soude caustique qui surnage, on l'évapore rapidement jusqu'à consistance sirupeuse, on la coule sur des plaques de fonte où elle se solidifie, et enfin, après avoir concassé les plaques translucides ainsi obtenues, on les conserve dans des récipients clos à l'abri de l'air.

La soude commerciale renferme 30 % d'eau. Il faudrait la fondre au rouge sombre dans un creuset d'argent ou de nickel pour obtenir NaOH.

Cette *soude* dite *à la chaux* retient encore de la chaux et des carbonates. On peut la purifier par un traitement à l'alcool (soude à l'alcool) qui dissout la soude caustique et laisse les sels insolubles. On distille l'alcool pour régénérer la soude.

La soude caustique est en plaques blanches, très solubles dans l'eau.

Nous ne reviendrons pas sur les propriétés alcalines de la soude (18).

Exposée à l'air, la soude fixe l'humidité de l'atmosphère et devient liquide, on dit qu'elle est déliquescente. Elle fixe ensuite le gaz carbonique et donne du carbonate efflorescent.

Elle sert dans la préparation des savons, dans l'industrie chimique des matières organiques et dans les laboratoires.

COMPOSÉS DU CALCIUM

53. Carbonate de calcium. — Le carbonate de calcium (1) ou *calcaire* se trouve dans la nature à l'état cristallisé en rhomboèdres, (parallélépipèdes dont les six faces présentent les mêmes angles aigus et obtus) ; c'est le *spath d'Islande*, remarquable par sa transparence et qui est employé dans certains instruments d'optique ; sa densité est 2,7.

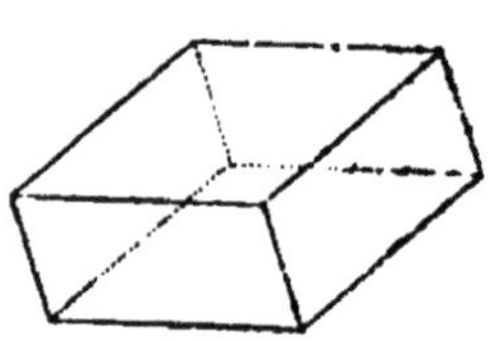

Fig. 62. — Spath d'Islande.

On trouve aussi le calcaire en prismes cannelés, de densité 2,9 ; c'est *l'aragonite*. Le carbonate de calcium est donc *dimorphe* (28).

Le *marbre* est du calcaire ; pur, il est blanc, mais le plus souvent il est coloré par des oxydes étrangers.

Les calcaires durs, les calcaires grossiers, la pierre à bâtir renferment de la silice ; les *marnes* sont des calcaires argileux ; la *craie* est du calcaire formé par des amas de tests de foraminifères.

Le calcaire, nous le savons (42), fait effervescence avec les acides parce qu'il dégage du gaz carbonique. Le calcaire est insoluble dans l'eau, mais l'eau chargée de gaz carbonique dissout le carbonate neutre de calcium à l'état de bicarbonate. A l'ébullition le bicarbonate se décompose et le carbonate neutre se précipite ; les eaux courantes se troublent en effet à l'ébullition.

Une eau souterraine très chargée en gaz carbonique peut dissoudre de fortes proportions de calcaire ; mais dès que l'eau arrive à l'air, la majeure partie du gaz se dégage et le calcaire se dépose (stalactites, stalagmites, sources pétrifiantes). Inversement, l'eau de pluie qui a dissous le gaz carbonique de l'air se charge de calcaire. De sorte qu'il s'éta-

(1) Le calcium, Ca = 40, est un métal très altérable qui n'a pas d'applications pratiques.

blit un *équilibre* entre la proportion de gaz carbonique contenu dans l'air et la teneur des eaux courantes en calcaire. Celles-ci en renferment environ un décigramme par litre.

Les *eaux de source* calcaires sont *dures*, impropres au savonnage et à la cuisson des légumes ; on les adoucit en y ajoutant une petite quantité d'un lait de chaux qui précipite le bicarbonate de calcium à l'état de carbonate neutre insoluble.

Le calcaire, outre son emploi dans la construction, sert aussi dans l'industrie pour neutraliser les liqueurs acides, pour préparer les divers sels de calcium, le gaz carbonique et surtout pour la fabrication de la *chaux*.

En effet, tandis que les carbonates alcalins sont solubles et indécomposables par la chaleur, les autres carbonates et, en particulier, le carbonate de calcium, sont insolubles et décomposables par la chaleur.

Fig. 63. — Four à chaux.

Au rouge vif le calcaire peut se dédoubler en gaz carbonique et chaux vive :

$$CO^3Ca = CaO + CO^2.$$

L'opération s'effectue dans un *four à chaux*, sorte de cuve en briques réfractaires de 8 à 10 mètres de hauteur, chauffée par un foyer latéral ; on introduit la *pierre à chaux* par l'ouverture supérieure, et on retire la *chaux vive* par le bas ; ainsi la fabrication est continue.

54. Chaux. — La chaux pure ou oxyde de calcium, CaO, est une masse blanche de densité 3,3 ; réfractaire, elle ne fond que vers 2 500° mais comme elle est très peu conductrice, la fusion est tout à fait superficielle et on peut employer la chaux dans la construction des fours électriques.

La chaux est indécomposable par la chaleur, mais elle est réduite par le charbon au four électrique ; on a de l'oxyde de carbone et du carbure de calcium :

$$CaO + 3\,C = CO + C^2Ca,$$

matière noire, très dure, qui sert à préparer l'acétylène (84).

La chaux est peu soluble dans l'eau ; la solution, appelée eau de chaux, renferme seulement 1g,93 d'hydrate de calcium par litre et la solubilité diminue sensiblement si la température s'élève.

La chaux vive est lentement attaquée par immersion dans l'eau, tandis que si on arrose la chaux vive avec moitié de son poids d'eau, bientôt la masse s'échauffe (à 300° environ), gonfle, *foisonne* et se transforme en une masse blanche et légère ; c'est la *chaux éteinte*, ou hydrate de calcium $Ca(OH)^2$.

Celle-ci, mélangée avec de l'eau, donne une pâte liquide, appelée *lait de chaux*. Dans l'industrie chimique, on emploie toujours la chaux à l'état de lait de chaux ; c'est l'*alcali industriel*.

La chaux est en effet un alcali ; elle bleuit le tournesol rouge et fixe le gaz carbonique en précipitant du carbonate de calcium insoluble.

Avec les acides elle donne des sels de calcium et de l'eau :

$$Ca(OH)^2 + 2\,HCl = CaCl^2 + 2\,H^2O,$$

$$Ca(OH)^2 + SO^4H^2 = SO^4Ca + 2\,H^2O.$$

La chaux éteinte perd au rouge l'eau qu'elle contient et redonne de la chaux vive (différence avec la soude).

Si on compare les formules de la chaux $Ca(OH)^2$, du chlorure de calcium $CaCl^2$, du sulfate de calcium SO^4Ca, du carbonate de calcium CO^3Ca à celles de la soude $NaOH$, du chlorure de sodium $NaCl$, du sulfate SO^4Na^2, du carbonate CO^3Na^2, on voit que Ca remplace 2 Na ou 2 H (dans les acides) ; on dit que le calcium est *divalent*.

55. Mortiers, ciments. — La principale application de la chaux est la fabrication du mortier, obtenu en mélangeant de la chaux éteinte, avec du sable et un peu d'eau. Le mortier abandonné à l'air se dessèche et durcit ; la chaux, en effet, fixe CO^2 de l'air et redonne du carbonate. Mais, comme en se desséchant la chaux se fendillerait, les grains de sable interviennent alors en diminuant le retrait et en reliant entre eux tous les grains de carbonate avec lesquels ils font corps, ce qui donne à la masse de la cohésion et de la dureté.

Les meilleurs mortiers se fabriquent avec des chaux bien

pures, bien blanches, s'éteignant bien et foisonnant beaucoup. Ce sont les *chaux grasses*.

Les *chaux maigres*, au contraire, sont celles qui renferment de la magnésie, ou de l'oxyde de fer. Elles s'éteignent mal, et font de mauvais mortiers; de plus le lait de chaux est granuleux et ne convient pas pour les opérations chimiques. Les chaux qui renferment plus de 10 % de magnésie sont inutilisables.

Les *chaux hydrauliques et les ciments* (artificiels ou naturels) sont des chaux argileuses obtenues, soit en calcinant des calcaires argileux, soit en ajoutant à la chaux de *l'argile*, c'est-à-dire un silicate d'aluminium hydraté naturel, dans la proportion de 2 parties d'argile pour 4 à 6 parties de chaux. Les ciments renferment plus d'argile que les chaux hydrauliques.

Ces chaux et ciments ne s'éteignent pas, on les pulvérise et on les gâche avec de l'eau soit seuls, soit avec du sable fin suivant l'emploi. Au contact de l'eau ils se transforment en des magmas cristallins très durs de silicates et d'aluminates de chaux hydratés. Le mortier a fait prise.

Le béton s'obtient en mélangeant le ciment avec du gros gravier et mieux des débris de cailloux (silex). On obtient ainsi des pierres artificielles.

56. Sulfate de calcium : plâtre. — Le gypse ou sulfate de calcium hydraté $SO^4Ca.2H^2O$ se trouve dans les terrains tertiaires et dans les terrains volcaniques en masses cristallines, affectant parfois la forme de grands cristaux en fers de lance et se clivant facilement; il est incolore ou légèrement coloré en jaune.

Fig. 64. — Gypse en fer de lance.

Le sulfate de calcium est peu soluble dans l'eau (2g,5 par litre). On le rencontre dans toutes les eaux potables à la dose de un ou deux décigrammes par litre. Les eaux trop chargées en gypse, s'appellent *eaux séléniteuses* (le gypse est aussi appelé sélénite); elles sont impropres à la cuisson des légumes, qui durcissent, et au savonnage. Elles donnent en effet avec le savon, formé d'oléates, de stéarates et autres sels de sodium solubles, des grumeaux insolubles d'oléates ou de stéarates de calcium. On *adoucit* ces eaux en les traitant par une petite quantité de carbonate de sodium :

$$CO^3Na^2 + SO^4Ca = CO^3Ca + SO^4Na^2.$$

Le carbonate de calcium se précipite, laissant en solution une petite dose de sulfate alcalin qui ne gêne pas.

Le gypse chauffé vers 130° perd une partie de l'eau qu'il contient et donne $2\,SO^4Ca.H^2O$; c'est le *plâtre*.

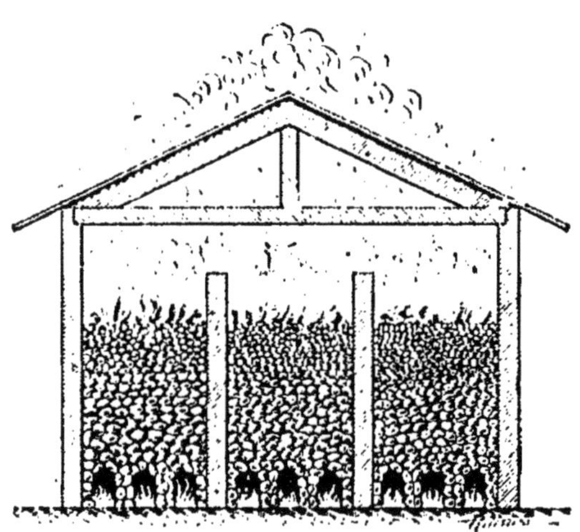

Fig. 65. — Hangars à cuisson du plâtre.

Le plâtre est une poudre blanche ; *gâché* avec de l'eau, il donne une pâte liquide, liante, qui, à l'air, se dessèche et durcit, parce que le plâtre et l'eau se recombinent peu à peu en un enchevêtrement de cristaux de gypse. On dit que le plâtre a fait *prise* avec l'eau. Abandonné à l'air, le plâtre en absorbe peu à peu l'humidité et ne fait plus prise. Il est *éventé*.

Le plâtre ne fait prise que s'il a été convenablement préparé à une température qui ne doit pas dépasser 160°. A une plus haute température, il est dit *brûlé*. Il est alors anhydre.

La *cuisson du plâtre* s'effectue dans des sortes de chambres chauffées par des foyers latéraux ou encore dans des hangars ; on y entasse le gypse en ménageant des voûtes pour le chauffage, et on règle le feu de manière que la température se maintienne entre 120° et 130°.

Le *stuc* s'obtient en ajoutant au plâtre, de la colle forte ou de l'alun (plâtres alunés) ; il est très dur, susceptible de poli et sert à imiter le marbre après incorporation de matières colorantes.

MÉTAUX [1]

INTRODUCTION

57. Propriétés générales. — Les métaux sont des corps simples. Ils donnent avec l'oxygène au moins un oxyde basique (25) et ils jouent dans les électrolytes le rôle d'anion ; ceci les différencie des métalloïdes dont ils se distinguent en outre par un éclat particulier, dit éclat métallique, et par leur conductibilité pour la chaleur et l'électricité.

Les métaux jouissent de *propriétés mécaniques*, variables d'ailleurs d'un métal à l'autre ; ces propriétés ont une très grande importance pour les applications usuelles.

Un métal *élastique*, déformé par l'action momentanée d'une force, revient ensuite de lui-même à sa forme primitive ; l'acier est élastique (ressort de montre), le plomb ne l'est pas.

Un métal *dur* comme le chrome raie le verre, tandis que le plomb, très mou, est rayé par l'ongle et se coupe avec un couteau.

Les métaux *malléables*, comme le fer, peuvent être mis en feuilles minces (tôle de fer) ou en barres par passage au laminoir, appareil formé de deux cylindres en acier tournant en sens inverse. Deux *vis de rappel* permettent de

---

[1] Programme de la classe de Première. — Les 12 pages précédentes se rapportent au programme de Seconde.

rapprocher plus ou moins les deux cylindres et d'amener progressivement le métal en plaques de plus en plus minces. L'*or* est aussi très malléable; en le battant au marteau on le met en feuilles de un dix-millième de millimètre d'épaisseur. Comme à l'état de ténuité extrême, les feuilles de métal

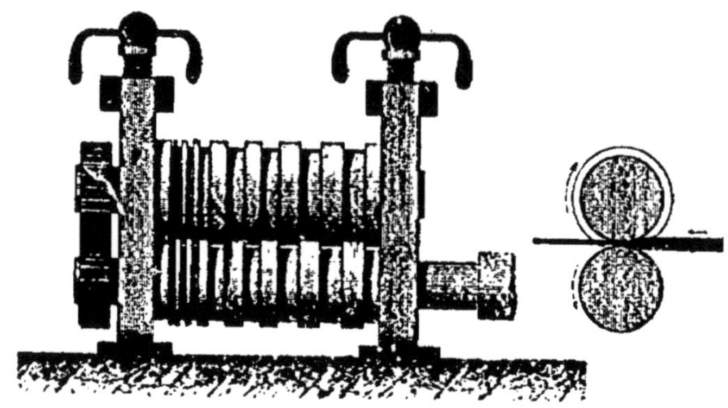

Fig. 66. — Laminoir.

pourraient être déchirées au contact immédiat du marteau on termine en interposant une peau de chamois.

Un métal *ductile* peut être étiré en fils très fins au moyen, d'une filière ; une *filière* est une plaque d'acier percée de trous de plus en plus fins et maintenue par un support fixe. On engage dans l'un des trous l'une des extrémités du fil que l'on tire de l'autre côté de la plaque. Pour qu'un métal passe à la filière, il faut qu'il résiste à la traction, qu'il soit *tenace*. Le fer pur est le plus tenace des métaux usuels ; il peut supporter environ 80^{kg} par millimètre carré de section sans se rompre.

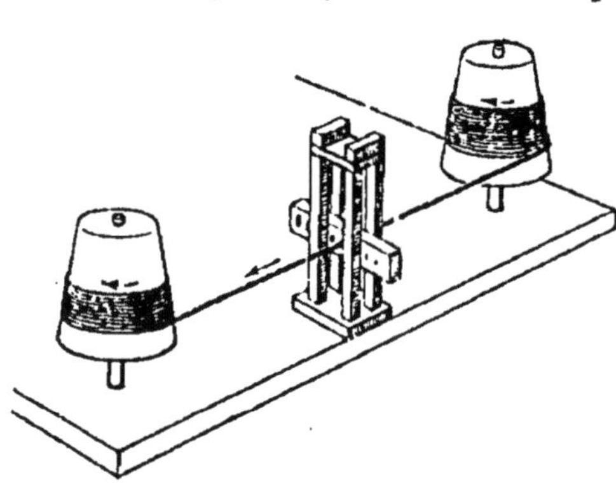

Fig. 67. — Filière.

Lorsqu'un métal a été travaillé, laminé, martelé, il perd

parfois ses qualités physiques, il devient friable ; on dit qu'il est *écroui*. Mais il suffit pour lui rendre sa cohésion de le *recuire* c'est-à-dire de le maintenir quelque temps vers 200 ou 300°.

Les métaux sont en général plus *lourds* que les métalloïdes ; la densité des *métaux usuels* est *le plus souvent* voisine de 7.

Densités de quelques métaux :

Sodium . . .	0,97	(plus léger que l'eau.)	Argent	10,5
Aluminium .	2,58		Plomb	11,4
Zinc	7,10		Mercure	13,6
Fer.	7,8		Or	19,3
Cuivre . . .	8,9		Platine.	21,4

Les métaux sont plus ou moins *fusibles* : le *mercure*, liquide à la température ordinaire, se solidifie à — 40°. L'étain fond à 228° ; le platine, réfractaire, doit être fondu au chalumeau oxyhydrique à 1775°.

Les métaux sont peu *volatils*, cependant le mercure bout à 357°, le zinc à 930° tandis que d'autres, comme le cuivre ou l'étain, ne se vaporisent que dans la flamme du chalumeau oxyhydrique ou l'arc électrique.

La plupart des métaux peuvent cristalliser, soit par voie de fusion (bismuth) ou volatilisation (zinc), soit par électrolyse d'un sel en dissolution (étain).

Les métaux s'emploient souvent purs (zinc, fer, étain) ; mais pour donner de la dureté à certains d'entre eux, lorsque l'usure en serait trop rapide pour les usages auxquels ils sont destinés (monnaies), on leur ajoute de petites quantités d'un autre métal [*alliage* (1)].

58. Métallurgie. — Les métaux usuels, d'une densité égale ou supérieure à 7, se rencontrent dans certaines régions (gîtes métalliques, filons) parfois à l'état natif (cuivre), le plus souvent à l'état d'oxydes, de carbonates ou de sulfures.

Ces *minerais* se distinguent par leur densité, leur couleur et souvent par un éclat métallique (pyrite, fer oligiste) que

---

(1) Voir au cuivre la définition de ce mot.

l'on ne retrouve pas chez les oxydes et les sulfures obtenus par précipitation.

La *métallurgie* est l'ensemble des procédés mécaniques et chimiques employés pour extraire les métaux de leurs minerais. Les procédés mécaniques (broyage, lavage, etc.,) ont pour but de séparer le minerai des matières terreuses plus légères auxquelles il est mélangé. Les traitements chimiques sont toujours à peu près les mêmes.

Les carbonates sont décomposés par calcination en gaz carbonique et oxydes métalliques; les sulfures, grillés à l'air, donnent du gaz sulfureux et un oxyde métallique.

Enfin les oxydes naturels, comme aussi ceux qui proviennent du grillage des sulfures ou de la calcination des carbonates, sont réduits par le charbon (coke) qui s'empare de l'oxygène pour donner de l'oxyde de carbone ou du gaz carbonique et met le métal en liberté. Cependant si la réduction s'effectue à une température très élevée, le métal fondu peut dissoudre du carbone et donner une *fonte*.

Comme les minerais ne sont jamais purs, ni le coke, et comme ils contiennent des terres (gangues) peu fusibles qui empêcheraient le métal de se rassembler, on ajoute au mélange de minerai et de coke des *fondants*, sable, craie ou argile, dont la nature et la quantité varient avec la qualité de la gangue, du minerai et du charbon et qui ont pour effet de donner avec ces gangues des verres fusibles (*scories, laitiers*) qui se séparent facilement du métal plus lourd.

FER

---

59. **Fer** : Fe = 56. — Le fer chimiquement pur s'obtient en réduisant l'oxyde de fer par l'hydrogène. Si l'opération est conduite très lentement, le fer obtenu est tellement poreux qu'il s'enflamme spontanément à l'air (fer *pyrophorique*) et décompose l'eau bouillante. Le même métal fondu vers 1600° est blanc d'argent et très mou.

Le fer pur du commerce, renfermant quelques dix-millièmes de charbon, est blanc, malléable, ductile, tenace. Il fond vers 1550° mais, déjà bien au-dessous de cette température, il devient pâteux, se soude à lui-même et peut être *forgé*.

Le fer est magnétique; le nickel et le cobalt le sont aussi mais à un degré bien moindre. De plus, l'aimantation du fer doux n'est que temporaire tandis que l'acier conserve une aimantation permanente.

Le fer, inaltérable à l'air sec, se transforme à l'air humide en rouille, qui est du sesquioxyde hydraté $2Fe^2O^3.3H^2O$ (la *limonite* naturelle). L'acide carbonique de l'air favorise la formation de la rouille. Les milieux alcalins, l'eau de savon par exemple, empêchent au contraire l'oxydation.

Pour protéger le fer de la rouille on peut le recouvrir de *minium* (1) qu'on dépose en couche de peinture ; ou bien encore d'un métal moins altérable tel que le *zinc* ou l'*étain*.

Le *fer étamé* ou *fer-blanc* s'obtient en plongeant des feuilles de tôle d'abord dans un bain de suif fondu pour les *décaper* c'est-à-dire pour enlever les oxydes qui recouvrent le métal, puis, après avoir bien frotté ces feuilles, on les plonge dans de l'étain en fusion.

Les deux métaux forment un *alliage* qui maintient l'adhérence de la couche d'étain. On peut par une attaque légère à l'eau régale faible (une partie d'acide nitrique, deux parties d'acide chlorhydrique, trois parties d'eau), faire apparaître les *cristallites* de l'alliage, en dessins chatoyants et irisés, c'est le *moiré métallique*. Le fer étamé peut être employé pour les récipients destinés aux usages culinaires, l'étain n'étant pas vénéneux.

Le *fer galvanisé* est de la tôle de fer protégée par une couche de zinc déposée sur le fer par immersion dans du métal fondu ou par voie galvanique, c'est-à-dire en plaçant l'objet en fer bien décapé à la cathode d'un bain formé d'une

---

(1) Le *minium* est un oxyde de plomb Pb^3O^4 d'une belle couleur rouge.

Le *zinc* est un métal blanc bleuâtre qui fond à 420° et bout à 930°; sa densité est 7,1, il est peu altérable à l'air et sert, sous forme de feuilles, à recouvrir les toitures.

L'*étain* est un métal blanc d'argent; il est très fusible, il fond à 228°; il est très malléable et les feuilles de papier d'étain servent à envelopper certaines denrées. Il est peu altérable à l'air et aux acides.

dissolution de sulfate double de zinc et d'ammonium. Les ustensiles en tôle galvanisée peuvent être employés aux usages domestiques, mais non pour la cuisine, les *sels de zinc étant vénéneux*.

Enfin on peut *nickeler* le fer et l'acier par voie électrochimique (71).

Le fer brûle, nous l'avons vu (6), dans l'oxygène en donnant l'oxyde des *battitures*, de même composition que l'*oxyde magnétique* Fe^3O^4 ; il décompose l'eau au rouge (8) ; les acides étendus l'attaquent avec production d'hydrogène et d'un sel ferreux :

$$SO^4H^2 + Fe = SO^4Fe + 2H.$$

Le plus important des *sels ferreux* est précisément le *sulfate ferreux* : $SO^4Fe, 7H^2O$, que l'on appelle encore le *vitriol vert* ou la *couperose verte*. Il sert comme *désinfectant* surtout pour les milieux où il y a des matières organiques sulfurées ou azotées en décomposition.

Dans les sels ferreux le fer est divalent; il existe aussi des *sels ferriques* dans lesquels le fer est trivalent, tel est le sulfate ferrique $Fe^2(SO^4)^3$.

60. Métallurgie du fer. Fonte. — Le fer se rencontre rarement à l'état natif, très fréquemment au contraire à l'état de sulfure, FeS^2 ; c'est la *pyrite*, remarquable par son bel éclat doré. La pyrite grillée à l'air donne du gaz sulfureux, point de départ de la fabrication de l'acide sulfurique (30 et 32), et de l'oxyde de fer qui peut être employé pour préparer la fonte.

Mais, en réalité, les bons minerais de fer sont les oxydes naturels : l'*oxyde magnétique* Fe^3O^4 ou *magnétite* (dont certains échantillons sont les *aimants naturels*) que l'on rencontre en Suède et en Algérie; l'*oligiste* de l'Ile d'Elbe, Fe^2O^3, en cristaux doués d'un bel éclat métallique gris foncé ; les *hématites* des Vosges et des Pyrénées, les *fers oolithiques* de la Champagne, les *limonites* qui sont des variétés plus ou moins pures de sesquioxyde de fer. Le carbonate de fer, *fer spathique* ou *sidérose*, est aussi un très bon minerai de fer.

La réduction de ces minerais par le charbon s'effectue dans le haut fourneau d'où le fer sort sous forme de fonte (58).

Un *haut fourneau* est une cuve en briques, de 5 à 6 mètres de diamètre, d'une vingtaine de mètres de haut, soutenue par une carcasse et des colonnes en fer et en fonte et revêtue inté-

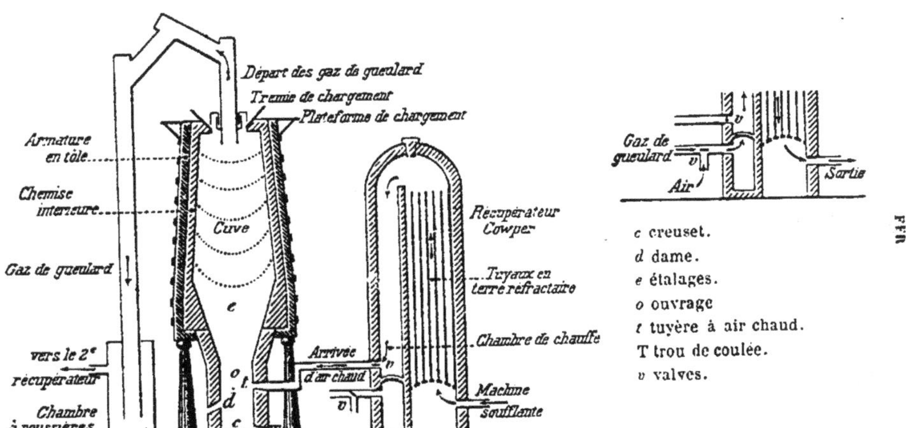

Fig. 68. — Haut fourneau.

rieurement d'une garniture réfractaire [1]. Cette cuve est renflée au tiers inférieur de sa hauteur, c'est le ventre ; la cuve présente donc la forme de deux troncs de cône superposés réunis par leurs bases. L'ouverture supérieure s'appelle le gueulard, c'est par là que l'on introduit le minerai, le coke [2] et les fondants (58).

Le cône inférieur, qui a reçu le nom spécial d'*étalages*, se termine par une partie cylindrique appelée ouvrage. C'est dans cette région, très limitée d'ailleurs, qu'aboutissent des tuyères *t* qui servent à insuffler de l'air chaud sous pression, et que la fusion s'achève.

La matière, fonte et scorie, qui en sort tombe à l'état liquide dans le creuset qui est muni de deux ouvertures : celle d'en haut *t'*, constamment ouverte et munie d'une paroi en pente appelée *dame*, laisse écouler la scorie plus légère que la fonte, l'autre T, placée au fond du creuset et fermée par un tampon d'argile, ne s'ouvre que pour livrer passage à la coulée de fonte (trou de coulée).

L'air qui s'échappe des tuyères, étant sous pression, brûle le charbon qui, étant en excès, redonne presque immédiatement de l'oxyde de carbone (43); la chaleur dégagée par cette combustion produit une élévation de température qui peut atteindre 2000°. Mais l'oxyde de carbone en s'élevant rencontrera l'oxyde de fer et le réduira en donnant du fer et de l'anhydride carbonique. Seulement, comme le fer lui-même inversement réduit le gaz carbonique en produisant de l'oxyde de carbone et du protoxyde de fer, autrement dit comme les deux réactions

$$Fe^2O^3 + 3\,CO = 2\,Fe + 3\,CO^2,$$
$$Fe + CO^2 = FeO + CO$$

sont susceptibles de se produire, il va s'établir un *équilibre* ; le tiers seulement environ de l'oxyde de carbone passe à l'état de gaz carbonique; de sorte que l'on peut, à la rigueur, écrire l'équation suivante

$$Fe^2O^3 + 9\,CO = 2\,Fe + 3\,CO^2 + 6\,CO.$$

---

[1] L'installation complète d'un haut fourneau avec tout le matériel accessoire coûte un million de francs pour une production de 150 tonnes de fonte par jour.

[2] Le coke métallurgique n'est pas celui des usines à gaz ; il est beaucoup plus dur. On le produit dans des fours spéciaux avec des houilles spéciales dites houilles à coke (Charleroi); les gaz dégagés servent à chauffer les fours.

Il sort donc du gueulard un gaz *combustible* formé d'azote (60 %), de gaz carbonique (12 %), d'oxyde de carbone (24 %), de carbures d'hydrogène (2 %), d'hydrogène (2 %) ; ce dernier provient de la réduction de la vapeur d'eau par le charbon.

Ces *gaz combustibles* (gaz de haut fourneau, gaz de gueulard) débarrassés des poussières

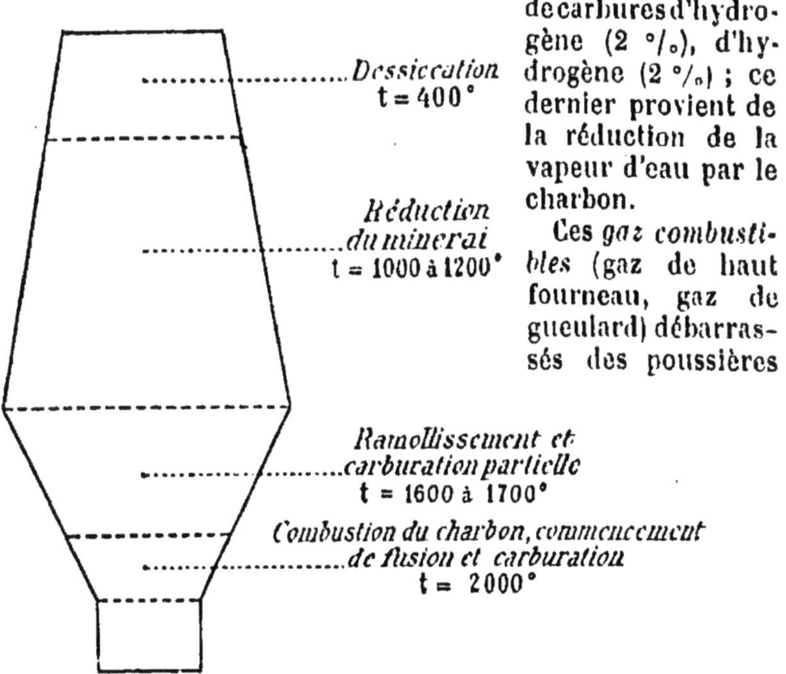

Fig. 69.— Différentes zones dans un haut fourneau en activité.

entraînées, sont brûlés avec de l'air. La chaleur dégagée sert à entretenir le moteur de la machine soufflante des tuyères et à porter au rouge vif les *récupérateurs*. Ceux-ci sont des chambres en maçonnerie réfractaire généralement au nombre de trois, contenant des cylindres creux en terre réfractaire dans l'intérieur desquels circule la flamme. On chauffe ainsi *alternativement* les récupérateurs et lorsque l'un d'eux est au rouge blanc, on y insuffle l'air qui se rend aux tuyères. On peut ainsi alimenter les tuyères avec de l'air chaud (à 700-800° environ) et obtenir dans l'ouvrage des températures extrêmement élevées. La fig. 68 représente un récupérateur chaud et servant à échauffer l'air qui va aux tuyères. Pendant ce temps on chauffe le deuxième récupérateur au moyen de la combustion du gaz de gueulard en modifiant le jeu des valves comme il est indiqué par le croquis en haut et à droite.

D'autre part, le minerai mélangé de coke et de fondants est introduit par le gueulard; il se dessèche d'abord, puis pendant sa descente sa température s'élève peu à peu et l'oxyde de carbone qu'il rencontre réduit l'oxyde de fer; mais le fer reste disséminé dans la gangue. La réduction terminée, la carburation du fer commence; elle se produit surtout dans les étalages, pour se parfaire lorsque la masse se ramollit aux approches de l'ouvrage en entrant en contact plus intime avec le charbon. Enfin, en arrivant dans l'ouvrage, la masse fond, la scorie se forme et l'excès de charbon, en saturant le fer de carbone, le préserve contre l'oxydation à son passage devant les tuyères. La fonte se rassemble en dessous de la scorie dans le creuset. Quand celui-ci est plein, on débouche le *trou de coulée* et la fonte est reçue dans des rigoles creusées dans le sable où elle se solidifie sous forme de *gueusards* ou *gueusets*.

La *fonte* renferme de 2 à 5 °/₀ de carbone, de petites quantités de silicium, de phosphore, de soufre. Si ces deux derniers éléments sont en trop forte proportion la fonte prend des propriétés fâcheuses. On élimine le soufre en opérant la réduction à des températures très élevées, en présence de

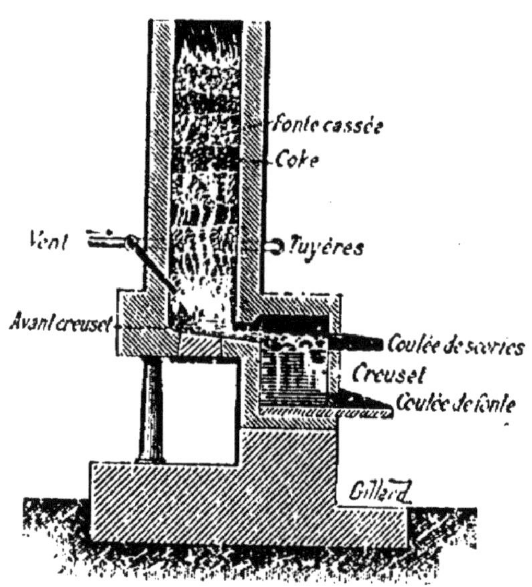

Fig. 70. — Cubilot pour fonderies.

fondants *très basiques*, c'est-à-dire riches en chaux et par suite peu fusibles. La chaux facilite la transformation du soufre en sulfure de calcium. Le phosphore reste au contraire dans la fonte en majeure partie.

La *fonte blanche* produite par le haut fourneau renferme la majeure partie du carbone à l'état *dissous*.

Elle est dure, cassante, elle fond à 1100° mais en un liquide peu fluide de sorte qu'elle ne se prête ni au travail ni au moulage. Elle sert surtout à la fabrication de l'acier.

En la fondant au cubilot (sorte de petit haut fourneau) avec de la fonte riche en silicium (ferrosilicium) on la transforme en fonte grise. Pour produire les fontes grises, il faut un fondant plus siliceux et une température plus élevée (plus de coke par suite), les silicates étant plus difficilement réductibles que les oxydes de fer, et les *laitiers* moins fusibles.

Dans les *fontes grises*, le charbon est en majeure partie séparé en petites lamelles de *graphite*. Le silicium, étant en effet très soluble dans le fer, favorise la séparation du carbone pendant le refroidissement.

La *fonte grise* est douce, facile à travailler; elle fond vers 1200° en un liquide fluide, qui prend bien exactement la forme du moule et augmente légèrement de volume en se solidifiant. On coule la fonte dans des moules en sable humide.

61. Fonte malléable. — On appelle ainsi une variété de fer obtenue en oxydant (cémentation oxydante) une fonte spéciale mise sous forme de petits objets moulés (clefs, cadenas, etc.) que l'on maintient longtemps vers 900° dans un bain d'oxyde de fer. Dans un alliage fer-carbone, l'oxygène se portant de préférence sur le carbone, la surface de la fonte se trouve ainsi décarburée et peut alors être limée, polie et façonnée comme le fer. La plupart des petits ustensiles, des articles de bazar en fer sont faits de cette fonte malléable.

En France la production annuelle de la fonte dépasse trois millions de tonnes; c'est le tiers seulement de la production anglaise et de la production allemande.

62. Fer doux. — Le fer doux s'obtient en *affinant* la fonte, c'est-à-dire en brûlant la plus grande partie du charbon qu'elle contient. Cette opération s'appelle *puddlage* et s'effectue dans un *four à puddler*. Le four à puddler est un four à réverbère.

Un *four à réverbère* se compose de trois parties : un foyer latéral A, une voûte B qui rabat la flamme vers une sole C en briques réfractaires peu siliceuses sur laquelle est

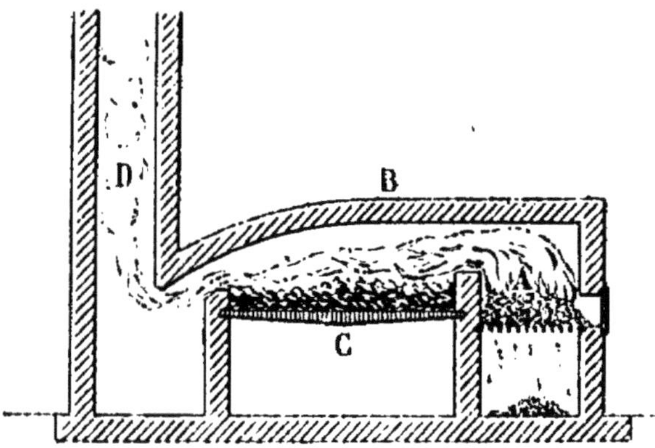

Fig. 71. — Four à puddler.

étalée la matière à traiter; le four est complété par une cheminée d'appel D.

De plus le four à puddler présente des ouvertures latérales, de sorte que, l'air étant en excès, on a une flamme très oxydante. Dans ces conditions, le fer se transforme en partie en oxyde de fer qui réagit sur le charbon pour redonner du fer et de l'oxyde de carbone.

On dispose sur la sole la fonte mélangée avec de la scorie riche en oxyde de fer et la masse est portée au rouge blanc. La fonte fond. Par les ouvertures, à l'aide de ringards, on remue alors constamment le tout pour renouveler les surfaces, puis le fer mis en liberté est rassemblé en une loupe solide à peine pâteuse que l'on cingle au marteau-pilon pour chasser la scorie.

Un marteau-pilon se compose d'une énorme tête d'acier, mue de haut en bas par un cylindre à vapeur C à simple ou à double effet. Le marteau *a* retombe sur une enclume *e* reposant elle-même sur une masse de fonte : la chabote.

Un système de leviers, tels que *l*, permet d'admettre la vapeur dans le cylindre ou de la laisser échapper ; de sorte que ces puissants engins se manœuvrent avec une extrême facilité.

La tête du marteau peut peser depuis 50^{kg} jusqu'à cinq cents tonnes ; la hauteur de chute peut atteindre 6 mètres et les petits marteaux frappent jusqu'à deux cents coups

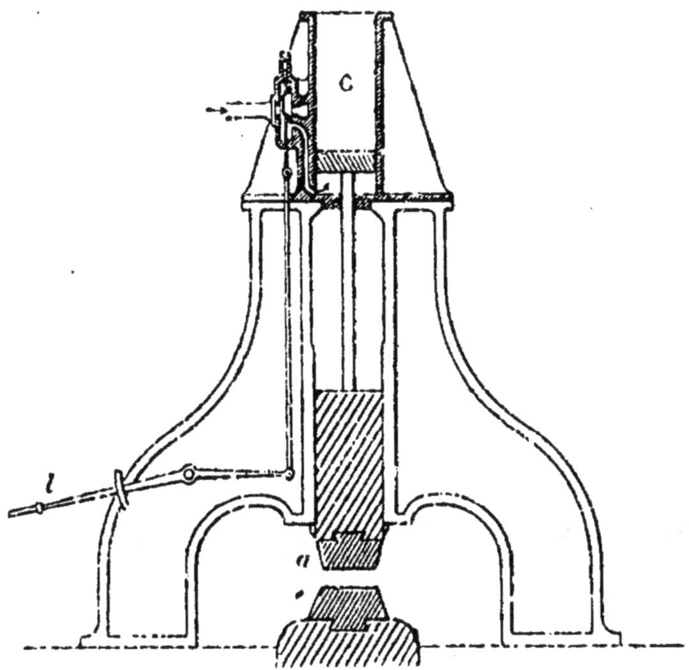

Fig. 72. — Marteau-pilon.

à la minute ; les plus gros frappent un coup à la seconde.

On tend aujourd'hui à remplacer les marteaux-pilons par des presses hydrauliques dites presses à forger, extrêmement puissantes, dont l'effort atteint 15 millions de kilogrammes.

Provenant de bons minerais, le fer puddlé est très pur ; il peut ne renfermer que des traces de charbon. Mais les fontes des minerais phosphorés ou sulfurés, traitées ainsi, ne donneraient que des fers cassants.

Dans la pratique courante la teneur varie de 0,1 à 0,5 % de carbone.

Le fer puddlé peut être facilement étiré au laminoir, en barres et en feuilles de *tôle*.

63. Fer et aciers fondus. — On appelle acier toute

variété de fer susceptible de durcir par la *trempe*. Cette opération dont l'explication théorique est encore discutée, consiste, comme on sait, à chauffer le métal au rouge et à le refroidir ensuite brusquement par immersion dans l'eau ou l'huile, le fer pur ne durcissant pas par la trempe.

Mais aujourd'hui cette démarcation n'est plus aussi nette et, en langage courant, on convient d'appeler acier tout métal sidérurgique malléable obtenu par fusion et de réserver le nom de fer aux métaux, malléables également, qui ont été simplement forgés et soudés, tel le fer puddlé.

En fait, la délimitation est difficile à établir entre le fer et l'acier parce que l'acheteur est toujours favorablement disposé par la désignation : acier, de sorte que l'on tend à élargir le sens de cette appellation.

Il est bien entendu d'ailleurs que les aciers fondus doivent être façonnés ensuite, si l'on veut leur donner de l'homogénéité. Les aciers fondus renferment en effet toujours des soufflures.

L'acier proprement dit, c'est-à-dire le métal susceptible de se tremper, renferme au maximum 1, 25 °/₀ de charbon ; mais il y a tous les intermédiaires possibles entre le fer doux et cet acier extra-dur (fer aciéreux, acier doux, acier dur). Les aciers durs renferment en outre du tungstène, du chrome et du nickel. Même pour de petites teneurs (2 à 6 °/₀) de ces métaux, les aciers jouissent de propriétés particulières qui les font rechercher pour des usages spéciaux. Les premiers servent dans la fabrication de certains outils, à garnir la pointe des projectiles de rupture ; les derniers donnent des plaques de blindage très résistantes (chrome et nickel) ; le métal à canon renferme du nickel qui augmente notablement sa résistance.

On peut avoir de l'acier : 1° en carburant le fer ; 2° en décarburant de la fonte ; 3° en fondant ensemble en proportions convenables du fer doux et de la fonte.

1° **L'acier de cémentation**, le véritable acier type, s'obtient en chauffant longtemps vers 900° des barres de fer couchées dans de longues caisses en briques réfractaires remplies de poussier de charbon de bois. Le fer ne fond pas et cependant le charbon se diffuse peu à peu dans la masse d'acier. On donne de l'homogénéité au métal en soudant plusieurs barres ensemble et en les étirant ensuite au laminoir, pour les sectionner, les souder de nouveau et ainsi de suite. C'est d'ailleurs ce que l'on fait toujours pour les qualités supérieures de tous les aciers fondus ; mais au préalable les aciers cémentés sont fondus aujourd'hui au creuset ou mieux au four électrique.

2° Les **fers aciéreux** s'obtiennent au convertisseur Bessemer :

Le **convertisseur Bessemer** est une énorme cornue en tôle épaisse, garnie d'un revêtement de briques réfractaires et généralement basiques ; le tout peut tourner autour d'un axe horizontal qui est creux et par lequel arrive un *puissant courant d'air*.

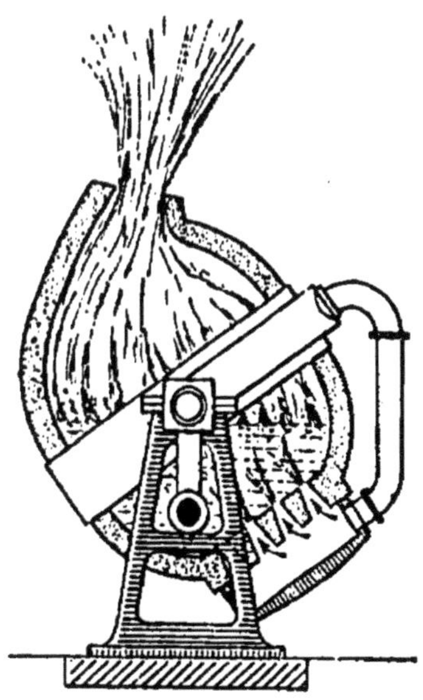

Fig. 73. Convertisseur Bessemer.

Celui-ci aboutit à la base de la cornue munie d'un double fond perforé.

Un convertisseur pouvant traiter 10 tonnes d'acier aura 5m de hauteur et 3m de diamètre ; l'épaisseur de la couche de métal sera en moyenne de 0m,50, ce qui nécessite déjà une puissante machine soufflante.

La cornue étant renversée, l'ouverture tournée vers le haut, on y verse de la fonte blanche riche en silicium ou en phosphore et préalablement fondue, additionnée d'une fonte riche en manganèse, de scories basiques et de 15 °/。 de chaux.

(Ces fontes au manganèse, ou fontes miroitantes, sont obtenues en ajoutant des minerais de manganèse dans le haut fourneau.)

Le mélange étant fait, on redresse le convertisseur et on donne le vent. L'air brasse la masse et brûle le phosphore, le soufre et le silicium. Il brûle aussi en partie le fer ; l'oxyde de fer ainsi formé oxyde le charbon. Quant au manganèse il joue un rôle fondamental. Métal plus oxydable que le fer, il réduit l'oxyde de fer *resté* dans le métal en donnant de l'oxyde de manganèse qui *passe dans la scorie*. Donc un acier qui retient du manganèse ne peut pas contenir de l'oxyde de fer, fait très important, car cet oxyde rendrait le métal cassant et de plus il réagirait sur le charbon pour donner de l'oxyde de carbone qui provoquerait des *soufflures*.

La chaux facilite l'oxydation du phosphore qui passe dans la scorie à l'état de phosphate de chaux. Les *scories de déphosphoration* (à 14 °/。 et plus de P^2O^5) sont employées comme engrais.

L'opération dure à peine un quart d'heure; la réaction est très vive; elle donne naissance à des bouillonnements, à des explosions et à des jets de flammes *dont l'aspect permet de suivre l'affinage* du métal *et de l'arrêter au point voulu*.

Le métal Bessemer peut ne plus contenir que des traces de charbon si l'affinage a été poussé très loin. On le recarbure en ajoutant du charbon ou du fer carburé de richesse connue au moment de la coulée.

La grande production est celle du métal à 0,1 — 0,35 °/。 de carbone; il est employé notamment pour rails, cornières, tôles, etc.

L'affinage pour *fers aciéreux* et *aciers spéciaux* se produit aussi au four Martin.

3° Le **four Martin** est un énorme four à réverbère à sole généralement basique avec revêtement de briques, chauffé par des gazogènes Siemens qui produisent de l'oxyde de carbone [1] (43); celui-ci mélangé avec de l'air donne une sorte de flamme de chalumeau qui élève la température du four rapidement. A sa sortie, la flamme arrive dans une paire de récupérateurs B, qui se trouvent bientôt portés au rouge vif.

Si l'on change alors la marche des gaz, de manière à chauffer préalablement et *séparément* l'oxyde de carbone et l'air en les lançant dans les récupérateurs B avant d'enflammer le mélange gazeux dans le four, on peut ainsi produire des températures extrêmement élevées, de 1500° à 1800°. La chaleur perdue au sortir du four est donc utilisée pendant toute l'opération pour chauffer un des récupérateurs A ou B qui sera employé à son tour dès que celui qui est en service se sera refroidi.

On place dans le four des mélanges de vieux fer plus ou

---

(1) Mélangé, cela va sans dire, avec de l'azote et du gaz carbonique.

moins oxydé, de fonte, de scories riches en oxyde, parfois même de minerai bien pur et on calcule la proportion de ces divers éléments et l'influence de la flamme plus ou

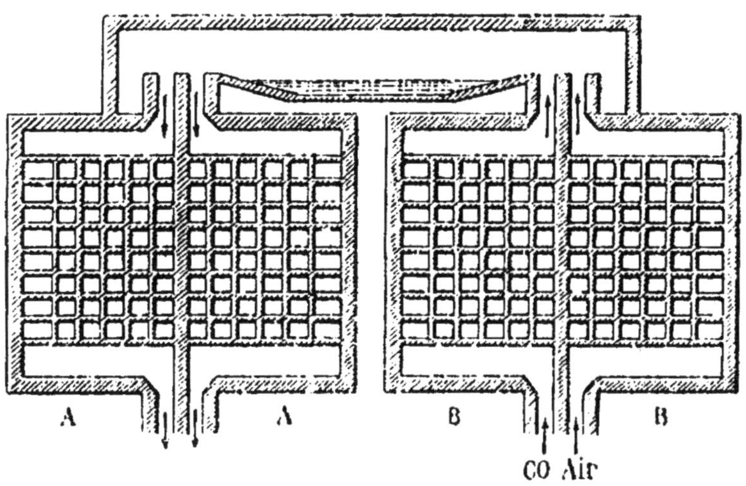

Fig. 74. — Four Martin.

moins oxydante, de manière à avoir un acier fondu de composition déterminée. L'emploi du four Martin permet d'obtenir d'une seule coulée des pièces d'acier pesant plusieurs tonnes. La charge est en moyenne de 20 tonnes, mais elle atteint 75 tonnes.

Le procédé Martin permet la préparation de produits de qualité supérieure à ceux que l'on obtient avec le Bessemer. Il est plus régulier, car on règle mieux la marche de l'opération qui, au lieu de durer quelques minutes, se poursuit pendant plusieurs heures. Il permet notamment la préparation des aciers spéciaux, au nickel, chrome, etc.

L'acier trempé est dur mais il est cassant. On le rend élastique par le *recuit*, c'est-à-dire en le maintenant quelques heures à une température comprise entre 200° et 320°. Pendant le recuit, l'acier se recouvre d'une mince pellicule d'oxyde et prend une couleur caractéristique dont la teinte varie du jaune paille au bleu indigo. On recuit plus ou moins l'acier suivant l'usage auquel il est destiné : ainsi l'acier des rasoirs, faiblement recuit à 220° est peu élastique et recouvert d'une teinte jaunâtre, tandis que l'acier des ressorts de montre recuit à 290° est très élastique et teint en bleu clair.

Les qualités d'un acier sont déterminées par ses propriétés mécaniques : dureté, élasticité, résistance à la rupture et aux chocs.

ALUMINIUM

---

64. **Aluminium** : Al = 27. — L'aluminium est le métal le plus répandu sur la terre. Il fait partie constituante des argiles (silicates d'alumine) et de nombreuses roches.

Autrefois, on le préparait en décomposant au rouge à l'abri de l'air, par un métal alcalin, le chlorure d'aluminium ou le chlorure double d'aluminium et de sodium plus facile à obtenir :

$$AlCl^3 + 3\,Na = Al + 3\,NaCl.$$

Aujourd'hui la préparation de l'aluminium est basée sur l'emploi de l'énergie électrique.

L'aluminium s'obtient par l'électrolyse d'un mélange d'*alumine* (oxyde d'aluminium) et de *cryolithe* (fluorure double d'aluminium et de sodium, que l'on trouve au Groënland) ; la cryolithe sert de fondant et facilite la fusion. Un creuset en tôle forte, garni d'un revêtement en graphite, sert de cathode. L'anode est formée d'un cylindre également en graphite suspendu à des câbles conducteurs.

La chaleur dégagée par le passage du courant suffit à maintenir le mélange fondu ; l'alumine se dédouble en oxygène qui se dégage sur l'anode et la consume lentement, et en aluminium qui se rassemble au fond du creuset et peut s'écouler par une ouverture latérale. Comme la cryolithe ne se décompose pas, tant que l'alumine est en excès, il suffit d'alimenter le bain avec de l'alumine pure et d'employer des cathodes en charbon pur pour obtenir de l'aluminium pur.

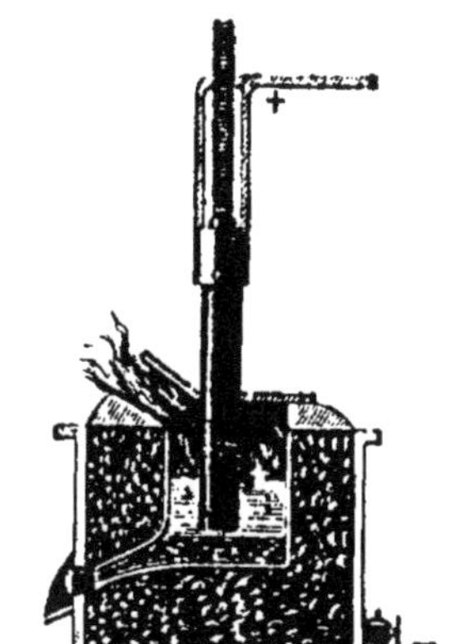

Fig. 75. — Four Héroult.

L'*aluminium* peut prendre un beau poli d'un blanc légèrement bleuâtre, mais il ne tarde pas à se ternir à l'air.

L'altération est d'ailleurs tout à fait superficielle si le métal est pur. L'aluminium est ductile, tenace, malléable, assez dur, très sonore; bon conducteur de l'électricité, il remplace le cuivre pour les fils conducteurs; il fond à 650° mais n'est volatil qu'aux plus hautes températures; il se distingue surtout par une *légèreté exceptionnelle*, ($d = 2{,}58$). Son emploi est dès lors indiqué pour la fabrication des appareils légers : carrosserie, automobiles, aérostats, bateaux, affûts de montagne, etc.

Les applications de l'aluminium se développent rapidement à mesure que ce métal s'obtient plus pur (99,5 °/₀) et à meilleur prix (3 fr. le kilog.). L'aluminium donne encore des alliages importants avec le fer (ferro-aluminium), le cuivre (bronze d'aluminium) et le magnésium (magnalium).

L'aluminium s'enflamme difficilement dans l'air parce qu'il se recouvre d'alumine fondue, mais s'il est en poudre impalpable (aluminium porphyrisé), il brûle avec un très bel éclat et donne de l'alumine.

L'aluminium est en effet un des métaux qui dégagent le plus de chaleur en brûlant dans l'oxygène, aussi réduit-il la plupart des oxydes métalliques en mettant le métal en liberté. C'est *l'alumino-métallurgie* ou préparation des métaux par l'aluminium.

Mettons dans un creuset un mélange en proportions théoriques d'oxyde de fer et d'aluminium pulvérisés; tassons légèrement cette poudre et disposons à la partie supérieure une cartouche faite de chlorate de potassium et d'aluminium porphyrisé, puis allumons. Une réaction calme, si les produits sont bien secs, mais très énergique, se produit, donnant naissance à une élévation de température considérable; parfois même le creuset se fend dans toute sa hauteur laissant voir la masse éblouissante. Quand le mélange est refroidi, on trouve sous une couche d'alumine un culot de fer.

On a eu la réaction

$$Fe^2O^3 + 2\,Al = Al^2O^3 + 2\,Fe.$$

On peut utiliser la chaleur dégagée par la réaction précédente pour produire des températures qui atteignent 2500°, c'est *l'aluminothermie*. On soude par exemple bout à bout deux rails d'acier en les pressant l'un contre l'autre et les entourant du mélange précédent que l'on allume. La chaleur dégagée produit la soudure.

L'aluminium est attaqué énergiquement par l'acide chlorhydrique, plus difficilement par l'acide sulfurique et par l'acide azotique froids, étendus ou concentrés. A l'ébullition, avec ces deux acides, l'attaque se fait mieux, les produits gazeux (hydrogène dans un cas, oxyde azotique dans l'autre) qui forment une couche protectrice à la surface du métal étant alors entraînés par la vapeur d'eau.

On obtient ainsi des *sels d'aluminium*.

Les solutions alcalines étendues et bouillantes l'attaquent également en donnant des *aluminates* et de l'hydrogène, tandis que les alcalis en fusion ne l'attaquent pas.

On a les réactions :

$$Al + 3\,HCl = AlCl^3 + 3\,H,$$
$$Al + 3\,NaOH = AlO^3Na^3 + 3\,H.$$

L'eau l'attaque très difficilement lorsqu'il est pur et en masse.

L'aluminium brûle dans le chlore et dans la vapeur de soufre en donnant du chlorure $AlCl^3$ et du sulfure d'aluminium Al^2S^3, mais l'hydrogène sulfuré est sans action.

65. Alumine. — C'est l'oxyde d'aluminium Al^2O^3. L'alumine cristallisée ou *corindon* se rencontre dans la nature, souvent colorée par des oxydes étrangers ; elle constitue alors les pierres *orientales* : le rubis oriental, le saphir oriental, l'émeraude orientale, la topaze orientale [1]. *L'émeri* qui sert à roder les bouchons de verre et à polir, est formé

---

[1] Le rubis ordinaire ou rubis balais est un spinelle : aluminate de magnésium avec traces d'autres métaux ; le saphir dit saphir d'eau, un silicate de magnésium, aluminium et fer ; l'émeraude ordinaire, un silicate d'aluminium et de glucinium ; la topaze, un fluosilicate d'aluminium.

par de l'alumine colorée par de l'oxyde de fer. Enfin la *bauxite*, que l'on trouve dans le midi de la France (aux Baux notamment) et en Irlande, est de l'alumine hydratée $Al^2O^3.2H^2O$.

Industriellement l'alumine pure s'obtient en calcinant la bauxite, à teinte rouge, contenant de l'oxyde de fer, avec de la soude caustique ou du carbonate. En reprenant par l'eau, on obtient une lessive d'aluminate de sodium tandis que les oxydes étrangers, l'oxyde de fer spécialement, restés inattaqués et insolubles, sont séparés par filtration. La solution d'aluminate précipite de l'alumine pure dès qu'on y fait passer un courant de gaz carbonique :

$$2\,AlO^3Na^3 + 3\,CO^2 + 3\,H^2O = 3\,CO^3Na^2 + 2\,Al(OH)^3.$$

Ainsi dans l'aluminate de sodium, l'hydrate d'aluminium se comporte comme un acide faible puisque le gaz carbonique suffit à le déplacer.

L'hydrate d'aluminium ou alumine hydratée est une gelée blanche qui se dissout dans les acides en donnant des sels d'aluminium ; ainsi avec l'acide sulfurique on a la réaction

$$2\,Al(OH)^3 + 3\,SO^4H^2 = (SO^4)^3Al^2 + 6\,H^2O.$$

Il se forme du sulfate d'aluminium et de l'eau.

L'hydrate d'aluminium est donc une base, mais c'est une *base faible* car il ne se combine pas à l'acide carbonique. Il n'existe pas de carbonate d'aluminium.

Les oxydes qui, comme l'alumine, jouent le rôle d'une base vis-à-vis des acides énergiques et le rôle d'un acide vis-à-vis des alcalis s'appellent des *oxydes indifférents*.

Dans les laboratoires, on peut préparer la gelée d'alumine en précipitant la solution de sulfate d'aluminium par une lessive de soude caustique :

$$(SO^4)^3Al^2 + 6\,NaOH = 2\,Al(OH)^3 + 3\,SO^4Na^2.$$

Mais comme un excès d'alcali dissoudrait le précipité à l'état d'aluminate, il vaut mieux traiter par l'ammoniaque ou par du carbonate de sodium ; dans ces conditions le gaz carbonique se dégage

$$(SO^4)^3Al^2 + 3\,CO^3Na^2 + 3\,H^2O = 3\,SO^4Na^2 + 3\,CO^2 + 2\,Al(OH)^3.$$

La gelée d'alumine fixe les matières colorantes et donne des *laques* ; si on chauffe une dissolution de cochenille avec de l'alumine, puis que l'on jette sur un filtre, la liqueur passe incolore et l'alumine colorée reste sur le filtre. L'alumine et les sels d'aluminium, comme aussi les sels ferriques, sont employés dans la teinture comme *mordants* (on dit mordancer des tissus et mordançage des tissus) c'est-à-dire pour fixer les couleurs sur les étoffes.

La gelée d'alumine chauffée au rouge perd de l'eau et redonne l'*oxyde d'aluminium*

$$2\,Al(OH)^3 = 3\,H^2O + Al^2O^3,$$

poudre blanche, légère, rugueuse, qui happe à la langue. Modérément calcinée, l'alumine sèche absorbe l'humidité et la retient énergiquement ; elle fond au chalumeau oxyhydrique et dissout alors les oxydes en donnant des aluminates.

66. Sulfate d'aluminium. — Alun. — Le sulfate d'aluminium s'obtient en attaquant par l'acide sulfurique soit la bauxite (la bauxite grise mélangée de silice — mais exempte de fer), soit le kaolin (silicate d'aluminium), soit des schistes alumineux ; la silice se sépare.

On arrive aujourd'hui à obtenir ce sel en tablettes d'un magma cristallin, correspondant à la formule $Al^2(SO^4)^3 . 18H^2O$. Comme il est très soluble dans l'eau, il est difficile à purifier. Il sert au mordançage des tissus et à l'encollage du papier.

La formule $Al^2(SO^4)^3$ exprime que dans trois molécules d'acide sulfurique SO^4H^2, 6 H ont été remplacés par 2 Al ; l'atome d'aluminium Al = 27 est trivalent. L'hydrate d'aluminium est $Al(OH)^3$, le chlorure obtenu en faisant brûler l'aluminium dans le chlore a pour formule $AlCl^3$.

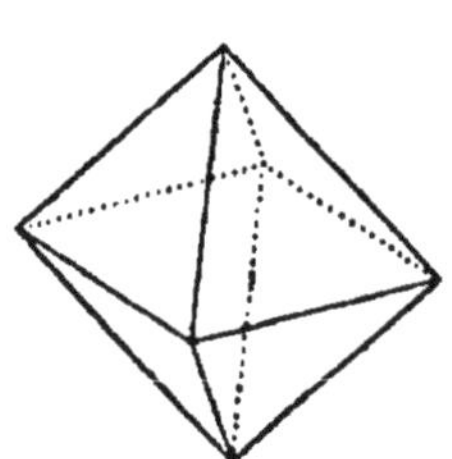

Fig. 76. — Octaèdre.

L'*alun* s'obtient en mélangeant, en proportions convenables, deux solutions concentrées et chaudes de sulfate de potassium et de sulfate d'aluminium. On obtient par refroidissement de magnifiques *octaèdres*, dont la composition répond à la formule

$$SO^4K^2, (SO^4)^3Al^2 . 24H^2O.$$

L'alun est un sulfate double de potassium et d'aluminium.

L'alun se fabrique directement en partant de l'*alunite*, sulfate double de potassium et d'aluminium basique, c'est-à-dire renfermant un excès d'alumine, que l'on rencontre dans les terrains volcaniques et en particulier aux environs de Rome. Par une calcination modérée, l'alunite se dédouble en alumine insoluble et en alun soluble. On reprend ce dernier par l'eau chaude, on filtre et on fait cristalliser.

L'alun est un beau sel blanc, beaucoup plus soluble dans l'eau bouillante (350 °/.) que dans l'eau froide (12 °/.) et par conséquent très facile à purifier.

L'alun fond à 92°, puis il perd l'eau qu'il contient, et se solidifie en une masse volumineuse et blanche, c'est l'alun calciné. Au rouge vif, il se décompose en sulfate de potassium et alumine.

Il est employé comme astringent, comme antiseptique, comme mordant. Il sert à tanner les peaux (mégisserie).

67. Aluns. — Isomorphisme. — Le sulfate d'aluminium donne également des octaèdres avec les sulfates de sodium et d'ammonium. On a encore les mêmes formules

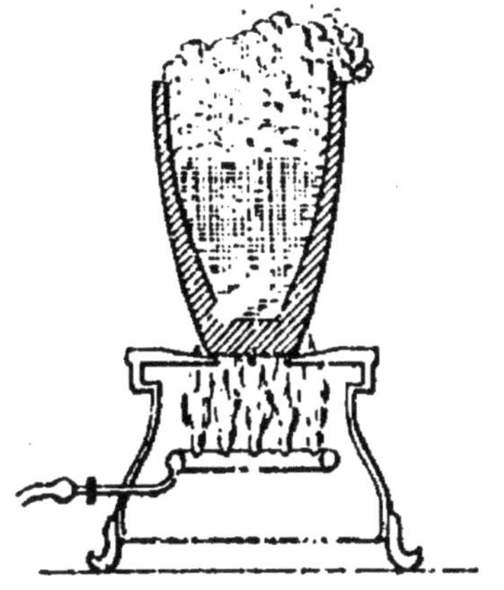

Fig. 77. — Alun calciné.

$$SO^4Na^2.(SO^4)^3Al^2.\ 24\ H^2O$$
alun de soude,

$$SO^4(NH^4)^2.(SO^4)^3Al^2.\ 24\ H^2O$$
alun d'ammoniaque.

Ce dernier sel est de plus en plus employé aujourd'hui, concurremment avec l'alun de potassium, pour l'encollage du papier. L'alun de soude plus soluble dans l'eau froide, plus difficile à faire cristalliser, n'a pas d'application.

Les sulfates alcalins donnent également des octaèdres avec le sulfate ferrique, le sulfate chromique, etc. On a :

$SO^4K^2.(SO^4)^3Cr^2.\ 24\ H^2O$ alun de chrome et de potassium,

$SO^4(NH^4)^2.(SO^4)^3Fe^2.\ 24\ H^2O$ alun de fer ammoniacal.

Tous ces sulfates doubles cristallisés en octaèdres et renfermant 24 molécules d'eau, s'appellent des *aluns*.

Si on évapore une dissolution renfermant deux aluns différents, on pourra obtenir des octaèdres contenant des proportions quelconques de ces deux aluns mélangés.

De même un cristal d'alun de chrome et de potassium continuera à croître (à se nourrir) dans une solution d'alun ordinaire.

On dit que tous les aluns sont *isomorphes*.

Définition de l'isomorphisme. — *Deux substances*

sont dites isomorphes lorsqu'elles cristallisent sous des formes semblables et qu'elles peuvent former des cristaux mixtes renfermant ces deux substances en proportions variables.

Loi de l'isomorphisme (Mitscherlich) : ***Les substances isomorphes ont des constitutions chimiques semblables.***

L'isomorphisme de deux corps conduit donc à les rapprocher l'un de l'autre au point de vue des *analogies chimiques.*

Le potassium et le sodium, si semblables l'un à l'autre, se rapprochent encore par l'isomorphisme des deux aluns de potassium et de sodium.

De même l'isomorphisme des aluns conduit à rapprocher les sels ammoniacaux des sels alcalins.

68. **Argile et poteries.** — Le *granit* est formé, comme on sait, de trois composants : le *quartz* (silice), le *mica* (silicate complexe) et le *feldspath* (silicate double de potassium et d'aluminium). Comme les silicates alcalins sont solubles, l'eau désagrège à la longue le granit et dissout le silicate de potassium. Le résidu insoluble est ensuite lavé par les eaux de drainage ; le silicate d'alumine plus léger alors est entraîné plus loin que les autres matières et va former des *dépôts secondaires* d'argile.

L'*argile plastique*, dont la variété la plus pure est le *kaolin* $2\,SiO^2.\,Al^2O^3.\,2\,H^2O$, est donc du silicate d'alumine hydraté qui, par suite des conditions de sa formation, se trouve dans un état physique particulier. On trouve des gisements de kaolin en Chine, en Allemagne et aussi en France, à Saint-Yrieix près de Limoges.

L'argile plastique est la matière première de la fabrication de toutes les poteries ; la porcelaine est faite avec du kaolin.

Une argile plastique malaxée avec de l'eau donne une pâte que l'on peut pétrir et façonner ; cette pâte, séchée, n'est plus plastique, elle ne se délaie plus avec de l'eau ; chauffée vers 400°, elle devient poreuse et friable, c'est l'argile *dégourdie.*

Porcelaines dures. — La pâte de *porcelaine*, fabriquée avec du kaolin pur, se travaille très bien [1], mais, en se dessé-

[1] Le travail des pâtes plastiques nécessite un broyage très

chant, elle subirait un retrait et se fendillerait ; aussi faut-il lui ajouter une poudre impalpable formée de quartz qui sert de « dégraissant », et de feldspasth qui donne à la pâte de la fusibilité. C'est le flux dégraissant. L'objet façonné, séché lentement, puis dégourdi, est plongé dans de l'eau tenant en suspension du flux dégraissant ; du quartz et du feldspath se déposent à la surface et forment la *couverte.*

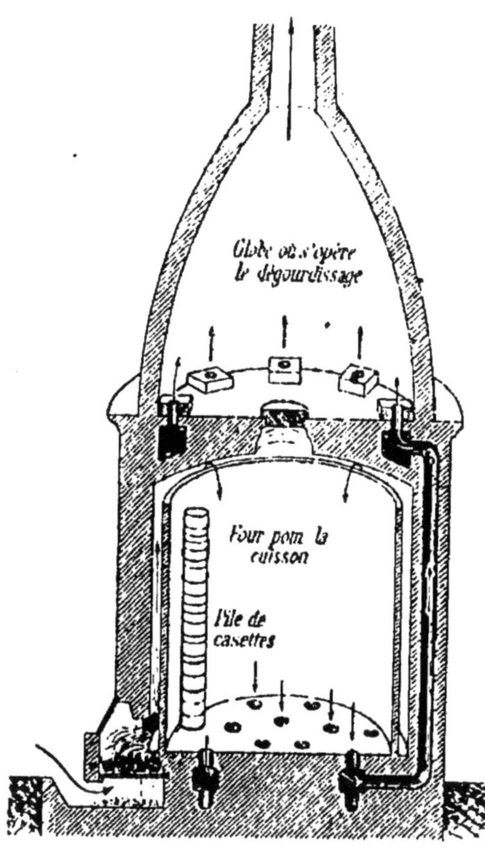

Fig. 78. — Four à porcelaine.

On peut alors procéder à la *cuisson*. Celle-ci s'effectue dans un *four* à deux étages construit en briques réfractaires. L'étage inférieur chauffé vers 1400°-1600° par des foyers latéraux (alandiers) est réservé à la grande cuisson, tandis que, à l'étage supérieur, on utilise pour le dégourdi la chaleur perdue. Les objets sont protégés de l'action des fumées du foyer par des cylindres en terre réfractaire (casettes).

Par la cuisson, le flux et la couverte éprouvent un commencement de fusion et forment un enduit continu vitrifié qui rend la pâte translucide et recouvre la surface d'une

---

soigné des matières premières que l'on malaxe avec de l'eau. On façonne ensuite la pâte soit au *tour*, ou, le plus souvent, dans des *moules* en plâtre.

glaçure. On peut décorer la porcelaine en disposant sous la couverte ou en mélangeant à celle-ci des terres, des oxydes de divers métaux, de cobalt, de chrome, de cuivre, qui formeront des verres ou des émaux colorés et plus ou moins translucides ; ce sont les *couleurs de grand feu*.

On peut aussi décorer la porcelaine en déposant les couleurs *sur* la couverte et procédant à une nouvelle cuisson au rouge, on a ainsi les *couleurs de moufle*.

La *porcelaine* ainsi obtenue est une poterie compacte, sonore et translucide.

Porcelaines tendres. — Tandis que la porcelaine française moderne et l'ancienne porcelaine chinoise sont des porcelaines *dures* dont la couverte (silicates alcalins, calciques et alumineux) n'est que difficilement rayée par l'acier, on donne le nom de porcelaines *tendres* à des *imitations* qui ont été fabriquées dans différents pays : en Saxe, en France et en Angleterre notamment.

La porcelaine tendre anglaise est une pâte argileuse dont le fondant est de la cendre d'os broyée (porcelaine phosphatique) ; la couverte, comme celle des faïences fines, contient de l'oxyde de plomb et de l'acide borique.

La porcelaine tendre française ou « Vieux Sèvres » était obtenue par des mélanges bien plus complexes dont les recettes viennent d'être retrouvées récemment. La pâte était faite de marne, de craie et d'une fritte, c'est-à-dire d'une sorte de verre siliceux à base d'alcali, de chaux et d'alumine. Comme la masse était peu plastique, on ajoutait de la colle ou du savon noir pour faciliter le travail. Bien entendu, ces matières organiques étaient détruites par la cuisson. Ces porcelaines tendres étaient glacées comme les faïences fines.

Poteries diverses. — Les *grès*, compacts, durs, sonores, mais non translucides, sont fabriqués avec des argiles plastiques, vitrifiables, contenant jusqu'à 50 °/₀ de feldspath, par conséquent *plus fusibles* que la porcelaine.

La cuisson peut donc s'effectuer à 1200° tout en donnant une matière vitrifiée à demi. Les grès fins *sont généralement* blancs ou colorés régulièrement par de l'oxyde de fer ; on peut alors les recouvrir d'une glaçure au borax et au plomb (litharge).

Les *grès communs* sont simplement glacés au sel ; pendant la cuisson on projette, dans le four, du sel marin humide que l'eau décompose en acide chlorhydrique qui se dégage et en soude. Celle-ci forme, avec l'argile et le feldspath, un silicate fusible qui recouvre le grès d'un vernis.

Les *faïences* sont des poteries poreuses c'est-à-dire dont la cuisson n'a pas été poussée jusqu'à commencement de fusion. Elles ne sont donc pas translucides. La cassure en est terreuse et non vitreuse comme l'est celle de la porcelaine.

On les fabrique avec des argiles plastiques mêlées de quartz [1]. Les faïences blanches sont simplement glacées au plomb ; mais les faïences communes, colorées par de l'oxyde de fer, doivent être émaillées pour cacher la couleur. On appelle émail une couverte rendue opaque par de la cendre d'os ou de l'oxyde d'étain (potée d'étain) [2]. Il arrive souvent que l'émail *s'écaille* par suite d'un nettoyage insuffisant de la surface, ou bien qu'il *s'éraille* parce que, pendant la cuisson, l'émail et la pâte n'éprouvent pas la même dilatation.

La cuisson des faïences *précède* toujours l'émaillage; les couleurs de moufle sont donc les seules employées dans la décoration des faïences.

Enfin les *poteries communes* sont fabriquées avec des argiles marneuses, c'est-à-dire calcaires, et glacées au plomb.

Les *briques, tuiles, tuyaux et carreaux* sont faits d'argiles grossières, ferrugineuses et calcaires, additionnées de sable dégraissant et cuites parfois jusqu'à un commencement de vitrification.

Le façonnage est fait mécaniquement à la filière et à la découpeuse, ou à la machine à mouler. La cuisson s'effectue dans de grands fours circulaires à marche continue.

Les *briques réfractaires* employées dans les fours industriels sont faites avec des argiles grises, exemptes de fer et de marne, très plastiques, dégraissées soit avec des sables quartzeux (revêtements acides), soit avec du graphite (creusets dits en graphite), soit avec des débris de briques réfractaires hors d'usage.

Les revêtements franchement basiques ne sont pas des poteries, mais de la magnésie agglomérée avec un peu d'argile.

---

(1) En fait, la faïence commune est de plus en plus remplacée par des faïences fines, mélanges d'argiles fines (terre de pipe) ou même de kaolin et d'éléments siliceux, plus ou moins fusibles par conséquent et se rapprochant davantage de la porcelaine.

(2) Voir p. 86-87.

CUIVRE

69. Cuivre : Cu = 63, 4. — Le cuivre se rencontre à l'état natif (au Lac supérieur) et à l'état d'oxyde, de carbonates basiques et de silicates.

L'azurite est un carbonate bleu ; la malachite, ou carbonate vert, employée dans l'ornementation, est une pierre susceptible de prendre un beau poli.

Les minerais de cuivre les plus abondants sont des sulfures complexes, renfermant la plupart des autres métaux communs, du fer en majeure partie, et dont la métallurgie est assez compliquée.

Elle consiste essentiellement à griller modérément les minerais sulfurés, de façon à chasser l'arsenic et l'antimoine sous forme d'oxydes volatils. Les autres métaux restent à l'état d'oxydes et de sulfures que l'on fond avec des minerais oxydés et quartzeux. Une portion du fer passe à l'état de silicate entraînant dans la scorie les métaux étrangers. Le cuivre se rassemble en dessous sous forme d'un sulfure double de cuivre et de fer (*matte*). Un nouveau grillage suivi d'une nouvelle fusion permettra de séparer le sulfure de cuivre Cu^2S. On le grille, on réduit l'oxyde formé par le charbon et on a le cuivre brut. Celui-ci doit pouvoir être martelé sans cassure.

Le cuivre brut peut être *affiné* par électrolyse, c'est-à-dire placé à l'anode d'un bain de sulfate de cuivre dont la cathode est constituée par une lame de cuivre pur. Le cuivre est transporté par le courant, d'une électrode sur l'autre, tandis que les métaux étrangers passent dans le bain, ou se rassemblent au fond sous forme de boues. Aujourd'hui la majeure partie du cuivre s'obtient en grillant les mattes cuivreuses fondues dans une sorte de *convertisseur* analogue au Bessemer.

Le *cuivre* est un beau métal, d'un éclat rouge. Il est très malléable, très ductile (fils de cuivre), tenace, très bon conducteur. On le travaille facilement au marteau et difficilement à la lime.

Le cuivre est assez lourd, $d = 8,9$, peu fusible, il fond à

1080° ; il est volatil à haute température et donne des vapeurs vertes ; à froid il est inaltérable à l'air sec.

Mais, sous l'action combinée de l'air humide et de l'acide carbonique, ou encore des acides gras des aliments, le métal se recouvre de sels de cuivre basiques et *vénéneux*. Pour cette raison on ne doit pas laisser séjourner les aliments dans des vases de cuivre même étamés. Les eaux saumâtres favorisent également l'oxydation du cuivre à l'air ; les objets anciens sont recouverts d'une *patine* épaisse et parfois même entièrement transformés en un oxychlorure très dur, l'*atakamite*.

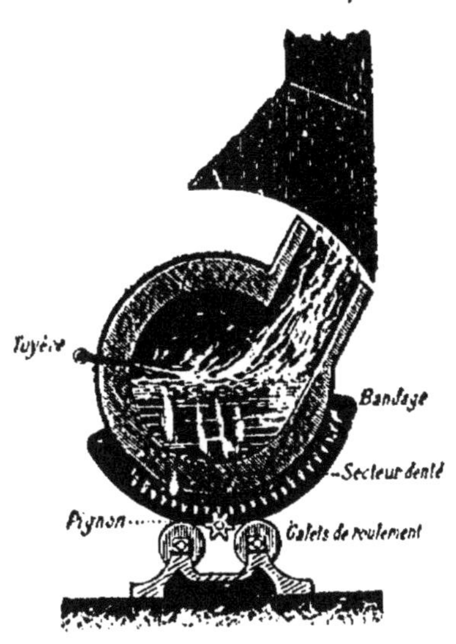

Fig. 79 — Convertisseur Manhès.

Pour décaper le cuivre oxydé à l'air, on peut attaquer la couche d'oxydes et de carbonates par un acide étendu tel que l'acide oxalique (eau de cuivre).

Au-dessus de 350°, le cuivre s'oxyde à l'air et se transforme en oxyde noir CuO. Celui-ci, nous le savons, est réduit par l'hydrogène et redonne du cuivre métallique et de l'eau (15) :

$$CuO + 2H = Cu + H^2O.$$

Mais à une température plus élevée, l'oxyde noir se décompose, perd la moitié de son oxygène et donne l'oxydule ou sous-oxyde Cu^2O qui est rouge.

Le cuivre brûle énergiquement dans le chlore (19) et dans la vapeur de soufre; il noircit dans une atmosphère contenant de l'hydrogène sulfuré.

Les acides étendus ont peu d'action sur le cuivre, exception faite toutefois pour l'acide nitrique. Celui-ci donne de l'azotate de cuivre et de l'oxyde azotique (37)

$$3\ Cu + 8\ NO^3H = 3\ (NO^3)^2Cu + 4\ H^2O + 2\ NO.$$

Cette réaction intervient non seulement dans la préparation de l'oxyde azotique, mais surtout dans une application importante: la gravure sur cuivre ou gravure à l'eau-forte (36)

L'acide chlorhydrique chaud attaque le cuivre, s'il est additionné d'un peu d'acide nitrique pour commencer l'action ; il se forme du *chlorure cuivreux* et il se dégage de l'hydrogène

$$Cu + HCl = CuCl + H.$$

Le chlorure cuivreux reste dissous dans l'acide en excès, mais si on verse cette liqueur dans une grande masse d'eau, le chlorure cuivreux se précipite en une poudre blanche soluble dans l'ammoniaque. Cette dernière solution bleuit à l'air, en s'oxydant, tandis que la solution chlorhydrique brunit.

L'eau régale, fortement chlorhydrique, donne avec le cuivre du chlorure cuivrique $CuCl^2.2H^2O$, vert, soluble dans l'eau.

L'acide sulfurique concentré et chaud attaque le cuivre avec formation de sulfate de cuivre et dégagement de gaz sulfureux (30).

$$2\ SO^4H^2 + Cu = SO^4Cu + SO^2 + 2\ H^2O.$$

C'est la préparation même de ce gaz dans les laboratoires.

Enfin, tandis que le cuivre est inaltérable à l'air et inattaquable par l'ammoniaque, ce métal disparaît sous l'action combinée de ces deux agents. Si nous versons de l'ammoniaque moyennement étendue sur de la tournure de cuivre placée dans un entonnoir, la liqueur bleuit et, en répétant cette opération un grand nombre de fois, avec le même liquide, on obtient une solution bleue d'oxyde de cuivre ammoniacal : c'est la *liqueur de Schweitzer*.

Le cuivre est un métal de première importance : très bon conducteur de l'électricité, il joue un rôle primordial dans l'électrotechnique ; il sert en outre à fabriquer toutes sortes d'ustensiles et de nombreux *alliages*.

70. Alliages. — Lorsqu'on fond ensemble deux ou plusieurs métaux, on peut obtenir par refroidissement un solide d'apparence homogène, une sorte de nouveau métal complexe, que l'on appelle un *alliage*. Souvent cette homogénéité n'est qu'apparente ; ainsi lorsqu'on fond ensemble du cuivre et de l'étain (bronze), les portions qui se solidifient les premières, plus riches en cuivre, plus lourdes par conséquent, se rassemblent à la partie inférieure, de sorte que l'alliage solidifié n'a pas en tous ses points la même composition, c'est le phénomène de la *liquation*.

Le plus souvent, les deux métaux forment entre eux des

composés différents dont les cristaux enchevêtrés sont noyés dans un excès de l'un des constituants formant ciment. On a ainsi une masse très résistante, tandis qu'un alliage entièrement cristallisé serait friable. Cette texture des alliages peut s'observer au microscope après attaque superficielle du métal poli par un acide très étendu.

Les alliages sont généralement plus *durs* que les métaux purs (laiton) ; ils sont aussi plus fusibles que le moins fusible des métaux qui les constituent et parfois même plus fusibles que chacun des métaux constituants. Ainsi l'alliage de Darcet formé de trois métaux : bismuth (8 parties), plomb (5 p.) et étain (3 p.) fondant respectivement à 265°, 335° et 228°, fond lui-même à 94°,5 c'est-à-dire dans l'eau bouillante.

Suspendons par un fil de laiton une baguette d'alliage de Darcet au centre d'un ballon contenant de l'eau. Dès que l'eau bout, l'alliage entre en fusion et coule au fond du ballon.

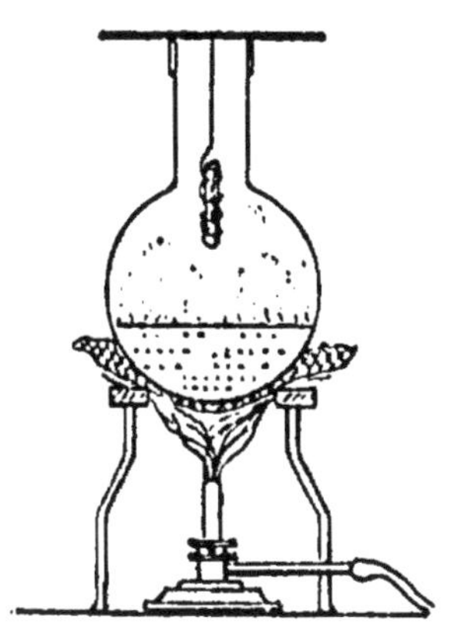

Fig. 80. — Fusion de l'alliage de Darcet.

Les propriétés des alliages peuvent varier régulièrement avec la nature et les proportions des métaux constituants, de sorte que l'on peut arriver à fabriquer des métaux artificiels en vue d'applications déterminées. Ceci explique *l'importance pratique des alliages.*

La constitution des alliages est le plus souvent trop complexe pour qu'on puisse en établir une nomenclature rationnelle.

Citons parmi les principaux alliages : les laitons (cuivre et zinc), les bronzes (cuivre et étain), les aciers au chrome et au nickel, les alliages monétaires (cuivre allié à l'or, à l'argent, à l'étain, au nickel), enfin les alliages du mercure que l'on appelle des *amalgames*.

Principaux alliages du cuivre. — Le *laiton* renferme en moyenne 35 °/₀ de *zinc* avec de petites quantités de plomb et d'étain ; il est plus dur que le cuivre et par suite plus facile à tourner et à limer ; il se prête aux usages les plus variés ; il est malléable et peut être mis en feuilles très minces (clinquant). Il se distingue en outre du cuivre rouge par son bel éclat jaune ; en augmentant la teneur en cuivre jusqu'à 90 % on obtient des laitons peu altérables à l'air qui imitent l'or (similor, chrysocale).

Le *bronze* contient, suivant l'usage auquel il est destiné, de 20 à 25 % d'*étain* ; il est plus fusible que le cuivre et bien plus facile à couler, d'où son emploi pour la reproduction des objets d'art ; en outre il est sonore (bronze des cloches et des tam-tams).

Le maillechort (cuivre, zinc, nickel), le bronze d'aluminium, les bronzes siliceux et phosphoreux ont aussi des applications intéressantes. Les fils téléphoniques sont en bronze siliceux, alliage élastique, très tenace et très bon conducteur.

Nous reviendrons sur les alliages que forme le cuivre avec l'argent et l'or.

71. Sulfate de cuivre : SO^4Cu. — Ce sel résulte, nous l'avons vu, de l'attaque du métal par l'acide sulfurique concentré et chaud ; dans l'industrie on brûle les déchets de cuivre dans la vapeur de soufre : le sous-sulfure Cu^2S ainsi obtenu ou encore le sulfure naturel peuvent, par un grillage modéré, être transformés en sulfate.

Ou bien on affine le cuivre par fusion dans un four à réverbère puis on le projette brusquement dans l'eau. On a alors le métal sous forme de grenaille très poreuse que l'on grille facilement. L'oxyde CuO est ensuite traité par l'acide sulfurique et transformé en sulfate.

On reprend la masse par l'eau chaude et on laisse cristalliser par refroidissement. On obtient un magnifique sel bleu, le *vitriol bleu*, ou couperose bleue $SO^4Cu.5H^2O$, qui est soluble dans l'eau à laquelle il donne une couleur bleue, caractéristique des sels de cuivre.

Les cristaux, abandonnés à l'air sec, s'effleurissent légèrement ; à 100° ils perdent 4 H^2O et la dernière molécule d'eau à 200°. Le sel déshydraté est blanc mais, à l'humidité, il bleuit de nouveau ; c'est un réactif pour déceler l'humidité des gaz et de certains liquides organiques.

Si on chauffe le sulfate au rouge, il se décompose en dégageant du gaz sulfureux, de l'oxygène et de l'anhydride sulfurique et laisse un résidu noir d'oxyde de cuivre. La facile décomposition des sulfates d'aluminium, de fer, de cuivre, ... est à opposer à la stabilité des sulfates de sodium, de calcium et de plomb.

Rien n'est plus facile que de montrer la présence du cuivre dans une solution de sulfate de cuivre ; il suffit d'y plonger deux électrodes en platine et de faire passer un courant ; aussitôt le cuivre rouge se dépose à la cathode. Plus simplement encore, on plonge dans la dissolution une lame de fer ; celle-ci se recouvre de cuivre ; le fer déplace donc le cuivre de ses sels, tout comme le zinc déplace l'hydrogène de l'acide sulfurique

$$SO^4Cu + Fe = SO^4Fe + Cu.$$

La dissolution de sulfate de cuivre, traitée par l'ammoniaque, précipite de l'hydrate de cuivre, bleu pâle

$$SO^4Cu + 2\,NH^3 + 2\,H^2O = Cu(OH)^2 + SO^4(NH^4)^2,$$

mais un excès d'ammoniaque redissout le précipité en une magnifique liqueur bleue, c'est *l'eau céleste*, dissolution du sulfate de cuivre ammoniacal $SO^4Cu.4\,NH^3$. Il ne faut pas confondre le sulfate de cuivre ammoniacal avec la *liqueur de Schweitzer* qui est une solution d'oxyde de cuivre ammoniacal. Celle-ci peut s'obtenir soit comme il a été dit plus haut, soit en dissolvant dans l'ammoniaque l'*oxyde* bleu pâle précipité et *lavé*. L'oxyde ammoniacal est une base complexe dont le sulfate de cuivre ammoniacal est le sel.

Si on verse une solution de sulfate de cuivre dans de la potasse étendue et en excès on obtient un précipité bleu pâle d'hydrate de cuivre

$$SO^4Cu + 2\,KOH = SO^4K^2 + Cu(OH)^2.$$

L'hydrate de cuivre perd facilement H^2O et passe à l'état d'oxyde noir CuO ; si on chauffe le tube où s'est faite la précipitation de l'oxyde, celui-ci se déshydrate en partie et brunit. A la température ordinaire, la même transformation se produit lentement.

L'oxyde de cuivre est insoluble dans un excès de potasse mais il n'en est plus de même en présence de certains acides organiques tels que l'acide citrique ou l'acide tartrique. La *liqueur de Fehling*, ou *réactif cupropotassique*, est une solution de sulfate de cuivre, de tartrate alcalin et de soude en proportions convenables. Cette liqueur est réduite à l'ébullition par le sucre de raisin ou glucose ; il se forme un précipité rouge de sous-oxyde de cuivre. Nous y reviendrons plus loin (105).

Enfin le sulfate de cuivre est un désinfectant comme le

sulfate ferreux (59) ; on l'emploie aussi pour chauler le blé ; additionné d'ammoniaque et d'un lait de chaux, il forme la *bouillie bordelaise*, utilisée pour le traitement de certaines maladies de la vigne (mildew, black-rot) ; il sert dans la teinture en noir de la laine et de la soie, dans la fabrication du vert de Scheele (arsénite de cuivre), dans le cuivrage et dans la galvanoplastie.

On cuivre le fer ou l'acier en recouvrant d'abord le métal d'un vernis, pour le protéger de l'action du sel de cuivre qui donnerait un dépôt *chimique* de cuivre peu adhérent, et c'est sur ce vernis que l'on dépose la couche de cuivre par voie galvanique. L'acier cuivré peut être alors porté dans un bain de sulfate double de nickel et d'ammonium pour nickelage.

ARGENT ET OR

72. Argent : Ag = 108. — L'argent est un métal blanc, susceptible de prendre un beau poli, inaltérable à l'air, mais qui noircit cependant à la longue si l'air renferme de l'hydrogène sulfuré.

Il est très malléable et peut, comme l'or, s'obtenir, par battage, en feuilles très minces ; il est ductile, tenace et c'est le plus conducteur de tous les métaux ; il est assez lourd, $d = 10,6$; il fond à 960° et se volatilise légèrement dans la flamme oxyhydrique.

Pratiquement il est inoxydable et cependant l'argent fondu absorbe de l'oxygène ; mais ce n'est là qu'une dissolution car le gaz se dégage au moment de la solidification et fait boursoufler le métal ; c'est le phénomène du *rochage* de l'argent.

L'oxyde Ag^2O s'obtient en précipitant un sel d'argent par la potasse

$$2\ NO^3Ag + 2\ KOH = 2\ NO^3K + H^2O + Ag^2O\ ;$$

il est brun et la chaleur le décompose facilement en redonnant le métal et dégageant l'oxygène. C'est là un caractère des oxydes des métaux précieux. L'hydrogène le réduit déjà au-dessous de 100°.

Le nitrate d'argent précipite également par l'ammoniaque; mais le précipité se redissout dans un excès de réactif; on a ainsi l'*azotate d'argent ammoniacal*. Il ne faut pas essayer de dissoudre l'oxyde précipité décanté et lavé, dans l'ammoniaque, car le résidu, si on a pris peu d'ammoniaque, ou le corps déposé par évaporation de la dissolution, constituent un explosif très dangereux, l'*argent fulminant* ou oxyde d'argent ammoniacal.

Il faut remarquer que *l'oxyde d'argent humide*, déposé sur un papier de tournesol rouge, y laisse une tache bleue; en outre il fixe l'acide carbonique en donnant du carbonate; l'argent, métal précieux et lourd, se rapproche, par ces deux caractères, des *métaux alcalins* légers et altérables.

Le chlore attaque l'argent à chaud et le transforme en chlorure; de même le soufre, au rouge, donne du sulfure d'argent.

Les alcalis l'attaquent peu; on fond la potasse ou la soude au rouge dans un creuset d'argent. Ce métal n'est pas sensiblement attaqué par l'acide chlorhydrique; l'acide sulfurique concentré et chaud donne du gaz sulfureux et du sulfate d'argent

$$2\,Ag + 2\,SO^4H^2 = SO^4Ag^2 + SO^2 + 2\,H^2O.$$

Mais c'est l'acide azotique, même étendu et froid, qui attaque le mieux l'argent; cependant la réaction marche plus régulièrement avec l'acide chaud étendu de son volume d'eau :

$$3\,Ag + 4\,NO^3H = NO + 2\,H^2O + 3\,NO^3Ag.$$

On évapore ensuite la liqueur et on obtient de belles lamelles blanches, très solubles dans l'eau.

Le *nitrate d'argent* fond à 200° et peut être coulé dans une lingotière, on a ainsi les crayons de *pierre infernale*. Ce sel est en effet un cautère énergique et un poison violent. Il est décomposé par la chaleur, comme tous les sels oxygénés de l'argent, en laissant un résidu d'argent métallique.

Si on électrolyse une solution de nitrate ou si on y plonge une lame de cuivre, on obtient un dépôt d'argent; le cuivre déplace donc l'argent comme il est déplacé lui-même par le fer.

L'hydrogène sulfuré précipite les sels d'argent (et aussi les sels de cuivre) en noir ; il se forme du sulfure d'argent Ag^2S (ou du sulfure de cuivre CuS).

Enfin, et c'est là une réaction caractéristique, les sels d'argent traités par l'acide chlorhydrique ou par une dissolution d'un chlorure donnent un précipité blanc, floconneux, d'aspect très particulier, de chlorure d'argent

$$NO^3Ag + HCl = NO^3H + AgCl.$$

Le *chlorure d'argent* est absolument insoluble ; de sorte que l'on peut déceler dans une liqueur la présence d'une trace de chlorure au moyen du nitrate d'argent ou inversement la présence d'une trace d'un sel d'argent au moyen d'un chlorure.

Le chlorure d'argent est insoluble dans l'acide azotique mais il se dissout très facilement dans l'ammoniaque et dans les solutions d'hyposulfite de soude, de sulfite de soude et de cyanures alcalins ; il noircit à la lumière comme la plupart des sels d'argent (photographie) ; enfin, si on met une lame de zinc en présence de chlorure d'argent humide, celui-ci se transforme en un dépôt noir floconneux d'argent. On voit donc combien sont nets les caractères des sels d'argent.

73. Métallurgie de l'argent. — Le plus important des minerais d'argent, le sulfure naturel, Ag^2S, l'*argyrose*,

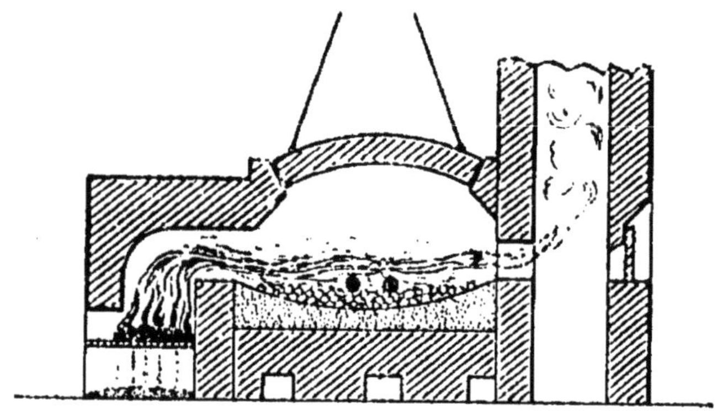

Fig. 81. — Four de coupellation.

est le plus souvent accompagné d'autres sulfures métalliques ou disséminé dans des minerais d'autres métaux ; ainsi la *galène* (sulfure de plomb) contient presque toujours de l'argent, de sorte que le plomb est souvent argentifère et peut être traité pour l'extraction du métal précieux.

Si le plomb est *pauvre* en argent, on le fond dans de grandes bassines en fonte, on laisse ensuite refroidir et on enlève, avec une cuiller en tôle perforée, les cristaux de plomb à mesure qu'ils se forment. Ces cristaux sont du plomb pur, tandis que l'argent s'accumule dans la partie restée liquide (Pattinsonage). Le plomb *riche* en argent est alors soumis à la *coupellation*, c'est-à-dire fondu dans un four à réverbère spécial (*fig*. 81) dont la voûte est mobile et dont la sole, en forme de calotte sphérique, est formée d'une couche d'argile. Deux tuyères soufflent de l'air à la surface du plomb fondu qui s'oxyde et se recouvre d'une couche d'oxyde de plomb ou *litharge* PbO. Celle-ci s'écoule par une gouttière que l'on creuse progressivement dans la couche d'argile. — L'argent, métal précieux, ne s'oxyde pas et se rassemble au centre de la sole.

La métallurgie de l'argent varie beaucoup d'un pays à l'autre — Mexique, Chili, Saxe — et cependant elle peut se ramener en principe aux réactions suivantes : Le sulfure, pulvérisé et mélangé d'un grand excès de sel marin, est grillé modérément de façon à donner du sulfate (une chauffe trop énergique décomposerait le sulfate d'argent). On ajoute un peu d'eau : il se fait du sulfate de sodium et du chlorure d'argent légèrement soluble dans l'eau salée. Un métal commun, le fer par exemple, déplacera l'argent du chlorure, mais comme l'argent resterait disséminé dans la masse, on agitera avec du mercure, de façon à rassembler un *amalgame* liquide qui sera ensuite distillé [1]. Dans la méthode mexicaine, le sulfure d'argent pulvérisé est transformé en chlorure par un traitement à froid par le chlorure de cuivre (en fait, par un mélange de sulfate de cuivre et de sel marin). On ajoute ensuite du mercure qui sert à la fois de réducteur (c'est-à-dire qu'il déplace l'argent du chlorure) et de dissolvant (amalgame).

---

[1] Le *mercure* est, comme on sait, liquide à la température ordinaire; il bout à 357° de sorte qu'il est facile de le séparer de l'argent par distillation. C'est un métal lourd, $d = 13{,}6$, peu altérable à l'air à la température ordinaire, mais à 300° il se transforme en oxyde rouge, décomposable à son tour vers 400°. Il se rencontre à l'état de sulfure rouge ou cinabre HgS. Le grillage du cinabre donne du gaz sulfureux et des vapeurs de mercure qui vont se condenser dans de longues galeries.

Pour *affiner* l'argent brut, on le dissout dans l'acide nitrique, on précipite par l'acide chlorhydrique le chlorure d'argent et on réduit ce dernier en le fondant avec du sucre et de la potasse ; la potasse transforme le chlorure en oxyde que le sucre réduit. On peut aussi traiter le chlorure au rouge par un mélange de craie et de charbon.

74. Or : Au = 197 —. L'or se rencontre à l'état natif disséminé dans des filons quartzeux ou dans des sables de transport ; il est tantôt en poudre impalpable ou en paillettes, tantôt en pépites. On le trouve notamment dans l'Amérique du Nord, dans l'Alaska, le Sud-Africain, la Russie, l'Australie.

La métallurgie consistait autrefois à laver dans un courant d'eau les sables ou les roches pulvérisées, de façon que les matières terreuses fussent entraînées par l'eau tandis que l'or plus lourd se séparait.

Aujourd'hui on traite les minerais broyés soit par le mercure, soit par l'eau de chlore, soit par une solution de cyanure de potassium en présence de l'air. L'or passe à l'état d'amalgame ou de chlorure ou de cyanure double. On sépare ensuite le métal en distillant l'amalgame, en électrolysant le cyanure, ou enfin en réduisant le chlorure par du sulfate ferreux.

Pour simplifier cette dernière réaction, remplaçons le sulfate par du chlorure ferreux. Ce dernier s'empare du chlore et donne du chlorure ferrique

$$3FeCl^2 + AuCl^3 = 3FeCl^3 + Au.$$

L'or est ensuite rassemblé et fondu. Pour affiner l'or, on le fond avec un excès d'argent ; on attaque cet alliage, après l'avoir laminé pour en augmenter la surface, par l'acide sulfurique concentré et chaud qui enlève tous les métaux, l'or excepté.

L'or pur est un beau métal jaune, doué d'un éclat inaltérable ; il est très lourd, sa densité est 19,5 ; très peu fusible, il fond à 1065° et est à peine volatil aux températures les plus élevées. Il est très malléable et peut être amené, par battage, en feuilles de un dix-millième de millimètre d'épaisseur. Ces feuilles paraissent jaunes par réflexion et vertes par transparence. L'or étant très mou, on lui incorpore, en vue des applications, du cuivre ou de l'argent.

L'or, métal précieux, est inaltérable à l'air. Les acides ne l'attaquent pas, mais l'eau régale (36) ou l'eau de chlore le transforment en chlorure d'or, soluble dans l'eau, l'alcool et l'éther.

La solution de chlorure d'or est jaune ; elle est peu stable et cède facilement du chlore aux réducteurs. Ainsi l'acide sulfureux précipite l'or de ses solutions en une poudre impalpable, brune par réflexion, violette par transparence

$$2\,AuCl^3 + 3\,SO^2 + 6\,H^2O = 3\,SO^4H^2 + 6\,HCl + 2\,Au.$$

De même, une eau contenant des traces de matières organiques, donne par ébullition avec une goutte de la solution de chlorure d'or, d'abord du chlorure aureux AuCl incolore, puis le précipité caractéristique d'or métallique. Le chlorure d'or est donc un réactif pour l'essai des *eaux potables*.

Il sert aussi en photographie.

Les composés de l'or sont en effet peu stables et sans grand intérêt pratique. Le chlorure d'or lui-même se décompose dès 200°, de sorte que si on veut attaquer l'or par le chlore, il faut le traiter par le chlore liquéfié et en tube scellé.

75. Argenture. Dorure. Alliages d'or et d'argent. — L'or et l'argent, inaltérables à l'air, peuvent servir à protéger les métaux communs et à leur donner l'éclat des métaux précieux. L'argenture et la dorure peuvent s'obtenir : 1° par placage, c'est-à-dire en appliquant une feuille du métal précieux ; 2° au mercure, c'est-à-dire en brossant la surface bien décapée avec un amalgame d'or ou d'argent et chassant ensuite le mercure par la chaleur ; 3° par voie chimique, c'est-à-dire en plongeant l'objet dans un bain formé d'azotate d'argent ammoniacal et d'un réducteur, du *glucose* par exemple (105) ou mieux de l'acide tartrique. On chauffe légèrement et l'argent se dépose en un miroir très brillant. Ce dernier procédé est employé pour l'argenture des glaces; l'ancien procédé d'étamage a été abandonné à cause de la nocivité des vapeurs mercurielles. La glace étant placée sur une table de fonte, horizontale, chauffée à 40°-50°, on la recouvre de la solution ammoniacale d'azotate d'argent et d'acide tartrique. Il se forme une couche adhérente et brillante de métal qu'on lave et qu'on sèche.

La dorure au trempé consiste à décaper l'objet, puis à le blanchir par immersion dans de l'azotate de mercure ; le métal commun déplace le mercure et s'amalgame superficiellement. On plonge alors l'objet dans un bain de bicarbonate de soude et de chlorure d'or. C'est maintenant l'or qui est déplacé et qui se dépose à la surface.

Mais aujourd'hui l'argenture et la dorure se font surtout par galvanoplastie.

L'électrode négative est constituée par l'objet métallique que l'on veut argenter ou dorer, cet objet étant préalablement bien décapé ; l'électrode positive est une lame d'or ou d'argent, le bain est soit de cyanure double d'argent et de potassium, soit de cyanure d'or et de potassium.

L'or et l'argent servent à fabriquer l'orfèvrerie et les monnaies. Mais comme ces deux métaux précieux sont trop mous, on leur incorpore du cuivre.

Les monnaies d'argent sont aux titres de 900 millièmes (pièces de 5 francs) et 835 millièmes (monnaies divisionnaires).

La vaisselle d'argent est au 1er titre (950 millièmes) ou au 2e titre (800 millièmes).

Les alliages renfermant plus de 150 millièmes de cuivre, jauniraient à l'air. On les grille légèrement dans un courant d'air ; le cuivre passe à l'état d'oxyde que l'on reprend par l'acide sulfurique étendu. On polit ensuite la surface ; on a ainsi un alliage dont le titre est plus élevé au voisinage de la surface.

Les monnaies d'or sont au titre de 900 millièmes, les bijoux et médailles à des titres variables de 750 à 900.

L'or peut être également allié à l'argent.

CHIMIE ORGANIQUE

INTRODUCTION

76. Matières organiques. Tissus organisés. — On a appelé d'abord *matières organiques* des substances telles que le sucre, l'amidon, l'albumine que l'on retire des *organismes* animaux ou végétaux, par opposition aux *matières minérales* telles que le sable, le calcaire ou l'argile.

La *chimie organique* n'a pas à connaître les *tissus organisés* mais seulement les principes que l'on peut en extraire. L'*analyse immédiate* est l'ensemble des procédés divers (dissolution, cristallisation, distillation, précipitation, . .) qui permettent d'isoler, d'un mélange complexe, les différents composés définis qui le constituent. Ainsi, un *citron,* tissu organisé, soumis à l'action d'une presse, donne du jus de citron ; celui-ci, après fermentation, pour détruire certaines substances, est traité à l'ébullition par de la chaux ; par refroidissement, un sel précipite, c'est du citrate de calcium. L'acide sulfurique additionné d'eau réagira sur le citrate de calcium, laissera un dépôt de sulfate de chaux et une dissolution qui, évaporée, abandonnera des prismes volumineux d'acide citrique :

$$C^6H^8O^7.H^2O.$$

Quelle que soit la variété de citrons d'où il est extrait, l'acide citrique a toujours exactement les mêmes propriétés, la même composition : c'est une *espèce chimique* ou encore un *composé défini.*

La *chimie organique* étudie donc seulement les espèces chimiques, laissant à la chimie biologique les tissus organisés et les sécrétions.

77. Éléments fondamentaux des matières organiques. — Le sucre, chauffé progressivement jusqu'au rouge, dans un creuset, fond, puis s'épaissit, se fonce en couleur et finalement laisse du charbon (41). Le sucre renferme donc du charbon.

La *carbonisation* des matières organiques consiste précisément en ce fait que ces substances portées à une température suffisamment élevée se décomposent et laissent un résidu de charbon.

Les matières organiques brûlent à l'air, avec plus ou moins de facilité, en donnant du gaz carbonique et de l'eau ; donc elles renferment du carbone et de l'hydrogène.

Lavoisier a montré que toutes les matières organiques sont formées de *carbone* et d'*hydrogène* unis parfois à de l'oxygène ou à de l'azote, souvent même à ces deux éléments. Ce sont là les quatre *éléments fondamentaux* des matières organiques.

Pour montrer la présence du carbone et de l'hydrogène dans une matière organique, dans l'amidon par exemple, on chauffe fortement, dans un tube en verre peu fusible, quelques décigrammes de la matière avec un excès d'oxyde de cuivre. Ce dernier est réduit et ramené à l'état de cuivre métallique, tandis que l'oxygène brûle la matière organique et donne, avec l'hydrogène, de l'eau qui vient se condenser sur les parois froides du tube et, avec le charbon, du gaz carbonique qui trouble de l'eau de chaux contenue dans un verre. On peut transformer cette analyse qualitative en une analyse quantitative ; il suffirait de recueillir séparément et de peser l'eau et l'anhydride carbonique formés. Connaissant la composition en poids de l'eau et celle du gaz carbonique, on pourrait alors calculer les proportions d'hydrogène et de carbone contenues dans un poids donné d'une matière organique.

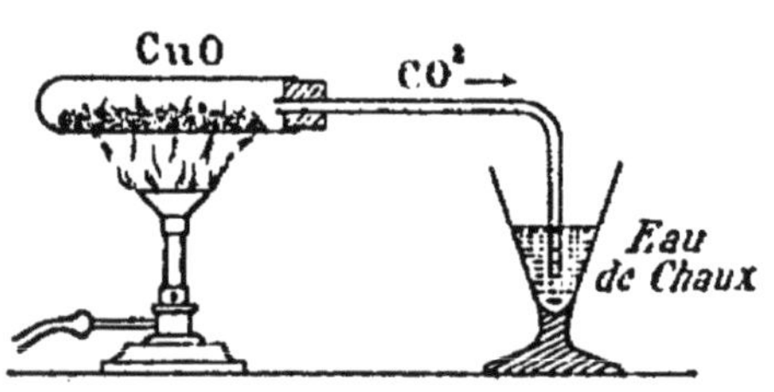

Fig. 82. — Action de l'oxyde de cuivre sur une matière organique.

Si nous chauffons, au fond d'un tube à essai en verre peu fusible, une parcelle d'une *matière azotée*, albumine ou gluten par exemple, avec un alcali ou mieux avec de la *chaux sodée* ([1]), nous observerons soit un dégagement d'ammoniac facile à reconnaître soit une odeur très particulière de corne brûlée ([2]).

On n'a pas de réaction générale permettant de reconnaître sûrement la présence de l'oxygène. On le dose par différence entre le poids du composé et ceux des autres composants.

Enfin les matières organiques naturelles peuvent renfermer encore du soufre, du phosphore et des métaux (à l'état de sels). Il n'y a de chlore que dans certains produits artificiels.

En brûlant les matières organiques au moyen d'un grand excès d'acide nitrique fumant, dans un tube de verre épais fermé aux deux bouts (tube scellé) et chauffé longtemps à 200°, on peut retrouver dans le liquide les acides chlorhydrique, sulfurique, phosphorique, suivant que la matière contient du chlore, du soufre, du phosphore.

En résumé, le carbone est l'élément fondamental des matières organiques. *La chimie organique est donc la chimie des composés du carbone.* Cependant l'oxyde et le sulfure de carbone, le gaz carbonique et les carbonates restent compris dans la chimie minérale.

De même que la chimie minérale étudie non seulement les minerais mais aussi et surtout leurs produits de transformation, de même la chimie organique étudie tous les composés du carbone, qu'ils soient d'origine naturelle ou artificielle. Le nombre des matières organiques connues aujourd'hui est immense, il est supérieur à trois cent mille! Parmi ces produits, il en est qui ont une importance industrielle de premier ordre : corps gras, bougies, savons, matières colorantes, parfums, produits alimentaires et pharmaceutiques.

La découverte d'un procédé de préparation d'un produit artificiel comme l'alizarine ou l'indigotine venant remplacer un produit naturel, tel que la garance ou l'indigo, peut créer des industries nouvelles et anéantir la richesse agricole

---

([1]) La chaux sodée se prépare en calcinant de la chaux préalablement éteinte avec une lessive de soude caustique. On obtient une matière assez dure et que l'on peut granuler.

([2]) Cette réaction ne s'applique pas à certains produits artificiels tels que les composés nitrés et les éthers nitriques (nitroglycérine) dont il sera question plus loin.

d'un pays. On conçoit donc que le développement de la chimie soit devenu un des principaux facteurs de la puissance économique des nations modernes.

CARBURES D'HYDROGÈNE

Nous étudierons d'abord les composés organiques formés seulement de carbone et d'hydrogène et que l'on appelle les *carbures d'hydrogène.*

Ces composés sont extrêmement nombreux, nous mentionnerons seulement les plus simples et les plus importants.

78. **Méthane :** CH^4. — Ce carbure prend naissance, par suite de certaines fermentations, dans la vase des marais (gaz des marais), dans les tourbières, dans la décomposition des matières organiques sous l'action de la chaleur ; aussi le gaz d'éclairage en renferme-t-il une forte proportion. Il est parfois accumulé dans les gisements de houille et peut donner avec l'air des galeries de mines des mélanges explosifs (grisou). Il accompagne aussi les pétroles ; les dégagements naturels de méthane, notamment ceux de Pittsburg (Pensylvanie), ont pu être captés et utilisés pour le chauffage et l'éclairage.

Dans les laboratoires, on peut préparer le méthane en chauffant vers 400° de l'acétate de sodium fondu sec, avec de la soude ou mieux, pour éviter que la masse ne fonde et n'attaque le récipient, avec de la chaux sodée.

On a la réaction

$$\underset{\text{acétate de sodium.}}{CH^3.CO^2Na} + NaOH = CO^3Na^2 + CH^4.$$

L'opération s'effectue dans une cornue de verre vert ou mieux de grès, chauffée dans un petit fourneau à gaz.

Le méthane peut être recueilli sur l'eau.

C'est un gaz incolore, inodore, insipide, insoluble dans l'eau, un peu soluble dans l'alcool, difficilement liquéfiable ; sa température critique est à — 81°,8 sous une pression de 55 atm. ; il bout à — 164° ; il brûle à l'air avec une flamme pâle, bref il rappelle beaucoup l'hydrogène, mais

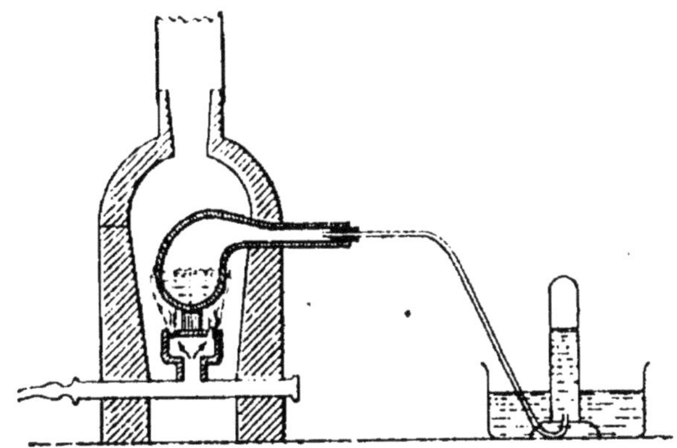

Fig. 83. — Préparation du méthane.

il s'en distingue en ce qu'il donne, en brûlant, de l'eau et du gaz carbonique. Si dans l'éprouvette qui a servi à la combustion du méthane, on verse de l'eau de chaux, celle-ci se trouble :

$$CH^4 + 4O = CO^2 + 2H^2O.$$

Le méthane donne avec l'air ou l'oxygène un mélange qui détone violemment à l'approche d'une flamme.

Si dans un eudiomètre (8) on fait passer 10^{cm^3} de méthane et 30^{cm^3} d'oxygène, il reste après combustion 20^{cm^3} de gaz dont 10 sont absorbables par la potasse, c'est du gaz carbonique ; les 10^{cm^3} restant sont de l'oxygène.

Ainsi, en brûlant, le méthane donne un égal volume de gaz carbonique [1] ; donc dans $22^l,4$ de méthane il y a le même poids de charbon que dans $22^l,4$ de gaz carbonique, c'est-à-dire 12^g.

---

[1] Nous rappellons (33) que $22^l,4$ est le volume occupé dans les conditions normales par 2 grammes d'hydrogène, 32 d'oxygène, 44 de gaz carbonique, 36,5 de gaz chlorhydrique, etc. La formule d'un composé gazeux représente, évaluée en grammes, la masse de ce gaz qui occupe $22^l,4$.

Des 30^{cm^3} d'oxygène, 10 sont restés inaltérés, 10 ont servi à former 10^{cm^3} de gaz carbonique, donc les 10 autres cm^3 se sont combinés à 20^{cm^3} d'hydrogène pour donner de l'eau. Ainsi dans $22^l,4$ de méthane il entre $44^l,8$ ou 4^g d'hydrogène.

La formule du méthane est donc CH^4.

On établirait de même, et sans qu'il soit nécessaire d'y revenir dans la suite, les formules des autres carbures d'hydrogène. Remarquons que puisque 16^g de méthane occupent $22^l,4$, la densité de ce gaz est la moitié de celle de l'oxygène, c'est donc un gaz léger.

79. Action du chlore.— Un mélange de méthane et d'un volume double de chlore exposé au soleil détone violemment ; il est préférable de faire passer dans une grande éprouvette à pied renversée sur une cuve à eau, un tiers de méthane puis deux tiers de chlore, on bouche avec un tampon ; on redresse l'éprouvette pour favoriser le mélange des deux gaz, le chlore étant plus lourd, et on approche de l'ouverture une flamme. On voit alors une flamme rouge descendre dans l'éprouvette en produisant un nuage épais de noir de fumée. En même temps l'éprouvette se remplit de gaz chlorhydrique que l'on reconnaît soit avec un papier de tournesol qui rougit, soit en approchant un bouchon imprégné d'ammoniaque. Le chlore s'est donc emparé de l'hydrogène du méthane. On a eu la réaction :

Fig. 84. — Combustion du méthane dans le chlore.

$$CH^4 + 4\,Cl = C + 4\,HCl.$$

Le chlore a détruit, a brûlé le carbure.

Si on abandonne à la lumière indirecte un mélange de chlore et de méthane, la couleur du chlore disparaît peu à peu, un *atome* de chlore s'unit à un *atome* d'hydrogène pour donner du gaz chlorhydrique, et un deuxième *atome* de chlore remplace dans le méthane, l'hydrogène enlevé :

$$CH^4 + 2\,Cl = HCl + CH^3Cl\,;$$

on obtient ainsi du *méthane monochloré,* c'est-à-dire du méthane dans lequel un atome de chlore s'est *substitué* à un atome d'hydrogène.

Si l'action se prolonge, on a successivement

$$CH^3Cl + 2\ Cl = HCl + CH^2Cl^2,$$
$$CH^2Cl^2 + 2\ Cl = HCl + CHCl^3,$$
$$CHCl^3 + 2\ Cl = HCl + CCl^4.$$

On a la série des *produits de substitution* du méthane : méthane monochloré, dichloré, trichloré et tétrachloré ou tétrachlorure de carbone.

Le méthane monochloré CH^3Cl est appelé le *chlorure de méthyle*, CH^3 étant le *radical méthyle*, de même que AzH^4Cl s'appelle le chlorure d'ammonium, AzH^4 étant le radical ammonium (35). Nous reviendrons plus loin sur le chlorure de méthyle (97) et sur le méthane trichloré ou *chloroforme* (93).

Le tétrachlorure de carbone est aussi un produit industriel. On le prépare, en réalité, par l'action du sulfure de carbone sur le chlorure de soufre chloruré ; il se forme du tétrachlorure de carbone et un dépôt de soufre. Le tétrachlorure de carbone est employé comme dissolvant des matières grasses et des parfums.

80. Éthane : C^2H^6. — Homologie. — L'éthane est un gaz incolore, inodore, insipide, insoluble dans l'eau ; il peut être liquéfié à $+4°$ sous la pression de 50 atm. ; l'éthane liquide bout à $-93°$. Il brûle à l'air avec une flamme pâle en donnant du gaz carbonique et de l'eau. Mélangé au chlore il peut brûler avec formation de gaz chlorhydrique et de noir de fumée; il peut aussi donner des produits de substitution dont le plus simple est *l'éthane monochloré* ou *chlorure d'éthyle :* CH^3-CH^2Cl.

Bref l'éthane ressemble tout à fait au méthane dont il ne diffère que par une densité plus grande et une volatilité moindre.

On passe *de la formule* du méthane CH^4 à celle de l'éthane CH^3-CH^3 en ajoutant CH^2. On dit que l'éthane est *l'homologue supérieur* du méthane. On peut dire encore que l'éthane est du méthane dont un H a été remplacé par le radical méthyle CH^3 et considérer l'éthane comme du diméthyle CH^3-CH^3. En effet le chlorure de méthyle CH^3Cl ou mieux l'iodure de méthyle CH^3I, chauffés en tube scellé à 150° avec du zinc, donnent de l'éthane

$$2\ CH^3I + Zn = ZnI^2 + CH^3-CH^3.$$

Il existe toute une série de carbures homologues : CH^4, C^2H^6, C^3H^8, C^4H^{10} et plus généralement C^nH^{2n+2}.

Une *série homologue* est donc constituée par des composés dont les formules ne diffèrent que par un certain nombre de fois CH^2.

Il est à remarquer que l'introduction de CH^2 dans la molécule d'un composé organique, n'en modifie pas essentiellement les caractères chimiques ; les corps d'une même *série homologue* ont des propriétés chimiques semblables.

Seules les propriétés physiques varient régulièrement ; voici par exemple les points d'ébullition de quelques homologues du méthane :

Méthane . .	CH^4	— 164°	Pentane .	C^5H^{12}	+ 38°
Ethane. . .	C^2H^6	— 93°	Hexane .	C^6H^{14}	+ 71°
Propane . .	C^3H^8	— 45°	Heptane .	C^7H^{16}	+ 98°,4
Butane. . .	C^4H^{10}	+ 1°	Octane. .	C^8H^{18}	+ 125°,5

Les carbures supérieurs sont solides, ainsi $C^{35}H^{72}$ fond à 75° et ne peut être distillé que dans le vide vers 300°.

Ces carbures portent la dénomination générale de *carbures forméniques*, le méthane étant appelé aussi *formène*. On dit qu'ils sont *saturés* parce qu'ils ne donnent avec le chlore aucun produit d'*addition* [différence avec l'éthylène (82)], mais seulement des produits de *substitution*.

81. **Pétroles.** — Les pétroles naturels sont, à l'état brut, des huiles épaisses, brunes, à reflets verdâtres, dont la densité varie de 0,8 à 0,96. On les trouve dans les profondeurs du sol, dans des poches, d'où on les extrait en creusant des puits.

Fig. 85. — Poche de pétrole.

Ces poches contiennent souvent une masse de gaz comprimé qui, en se détendant, peut provoquer l'ascension du pétrole et peut même faire jaillir celui-ci à 50 et 100m de hauteur. On capte alors les jets de pétrole ou de gaz (gaz naturel) : puis on continue l'épuisement avec des pompes élévatoires. L'appareil d'extraction est fixé à des charpentes en bois (*derricks*).

Les pétroles bruts sont ensuite envoyés aux usines de raffinage par des conduites souterraines en fonte qui ont parfois jusqu'à 800 kilomètres de longueur. Le réseau américain de pipe-lines est de 15000 kilomètres. Les pétroles

Fig. 86. — Groupe de *derricks*.

bruts sont transportés en Europe par des bateaux-citernes (tank-steamers), qui arrivent jusqu'aux usines établies généralement dans les ports (Le Havre, Marseille, Cette, etc.).

La production mondiale annuelle de pétrole brut dépasse 250 millions de barils.

On sait quelle importance ont prise les huiles de pétrole pour l'éclairage, les huiles lourdes pour le graissage et les essences pour moteurs.

Les pétroles proviennent de la décomposition par la chaleur ou de la fermentation des matières végétales ou animales, mais plus probablement de la décomposition par l'eau des carbures métalliques formés à la haute température de la partie centrale du globe.

Tandis que les pétroles d'Amérique sont formés surtout

par des homologues supérieurs du méthane, c'est-à-dire par des carbures C^nH^{2n+2}, les pétroles du Caucase et de Crimée sont des carbures C^nH^{2n} d'une tout autre constitution. Ceux de Galicie et de Roumanie sont de nature intermédiaire.

En chauffant à des températures convenables des mélanges d'acétylène et d'hydrogène en présence de nickel réduit (c'est-à-dire obtenu très poreux par réduction de l'oxyde par l'hydrogène), on peut reconstituer à volonté les pétroles d'Amérique ou de Russie.

Le pétrole abandonné longtemps à l'air perd ses composants les plus volatils et s'oxyde; il se transforme en une masse épaisse, l'asphalte. On trouve des asphaltes et des bitumes naturels dans certaines régions.

On *distille* les pétroles bruts et on les *rectifie* dans des appareils analogues à ceux que nous allons décrire à propos de la distillation et de la rectification des goudrons de houille (86). On obtient d'abord des gaz, puis entre 40° et 70°, l'*éther de pétrole*, mélange de carbures en C^5 et en C^6 (densité 0,650 à 0,660), entre 70° et 90° les *benzines de pétrole* en C^6 et C^7 (d. 0,660 à 0,690), entre 90° et 120° la *ligroïne* ou essence de pétrole en C^7 et C^8 (d. 0,710 à 0,730), entre 150° et 300° l'*huile lampante* (d. = 0,800 environ) et enfin au-dessus les *huiles lourdes* lubrifiantes (d. = 0,900 environ) [1].

On peut chauffer ces huiles lourdes jusqu'au rouge de manière à les dédoubler en un résidu fixe et poreux, le *coke de pétrole*, et en des huiles légères qui devront être soumises à une nouvelle rectification.

On a avantage aussi parfois à laisser refroidir et déposer les parties solides des huiles lourdes. On obtient ainsi les paraffines, que l'on purifie par un traitement à l'acide sulfurique concentré et une filtration sur du noir animal. Les *paraffines* représentent les portions les plus concrètes des huiles lourdes de pétrole, des schistes bitumineux, des goudrons de lignites et des cires minérales naturelles. Ce sont des masses blanches, translucides, parfois feuilletées, insolubles dans l'eau mais solubles dans l'alcool et l'éther, très fusibles, très stables vis-à-vis des différents réactifs (*parum affinitatis*).

---

[1] Ces diverses portions auront été épurées par un lavage à l'acide sulfurique concentré et à la soude caustique puis rectifiées à nouveau.

On les emploie comme isolants, comme lubrifiants et, concurremment avec les acides gras, à la fabrication des bougies.

Les *vaselines* sont des corps onctueux, semi-solides, intermédiaires entre les huiles et les paraffines ; elles entrent dans la préparation des pommades pharmaceutiques ; elles ne rancissent pas comme les corps gras.

L'*ozokérite* ou cire végétale est une paraffine naturelle, de composition et d'origine analogues à celles de la paraffine.

82. **Éthylène ou éthène : C^2H^4.** — Ce carbure s'obtient en chauffant de l'alcool avec de l'acide sulfurique concentré.

On verse d'abord, dans un grand ballon entouré d'eau

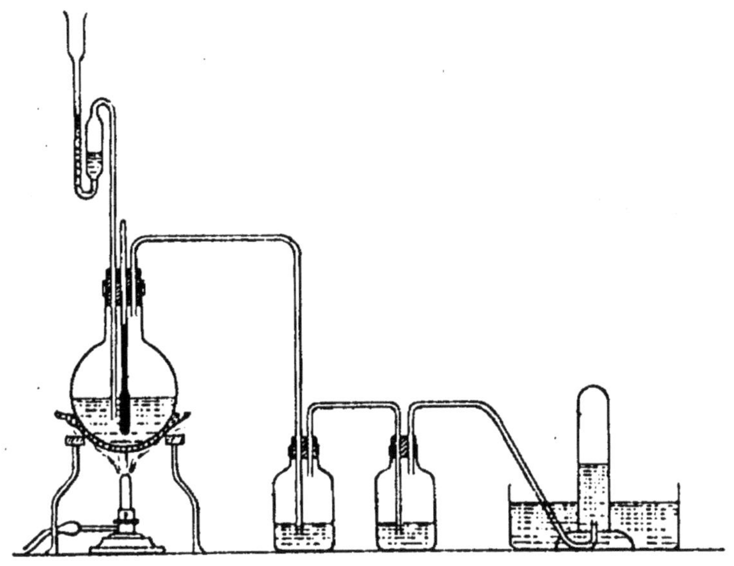

Fig. 87. — Préparation de l'éthylène.

froide, une partie d'alcool, puis on ajoute, par petites portions et en agitant chaque fois, pour éviter une trop brusque élévation de température, six parties d'acide sulfurique concentré et enfin du sable qui aura pour effet, quand on chauffera, de régulariser le dégagement gazeux.

On munit alors le ballon d'un bouchon traversé par un tube de sûreté et par un tube de dégagement, et on chauffe rapidement vers 160°; à cette température, l'acide sulfurique agit comme déshydratant, l'alcool cède une molécule d'eau et donne de l'éthylène

$$C^2H^6O - H^2O = C^2H^4.$$

Toutefois il faut prendre la précaution de faire barboter le gaz dans de l'acide sulfurique concentré, pour arrêter des produits éthérés, et dans de la potasse qui absorbera les gaz carbonique et sulfureux provenant de la réduction de l'acide sulfurique par la matière organique partiellement carbonisée; le gaz est enfin recueilli sur une cuve à eau.

L'éthylène est un gaz incolore, inodore quand il est pur, son poids moléculaire est 28, il a même densité que l'azote et l'oxyde de carbone, mais il est plus facile à liquéfier que ces deux gaz; sa température critique est + 13° sous une pression de 60 atm.; il bout à — 103°, sous la pression atmosphérique, et la vaporisation rapide de l'éthylène liquide permet d'atteindre pratiquement des températures de — 130°.

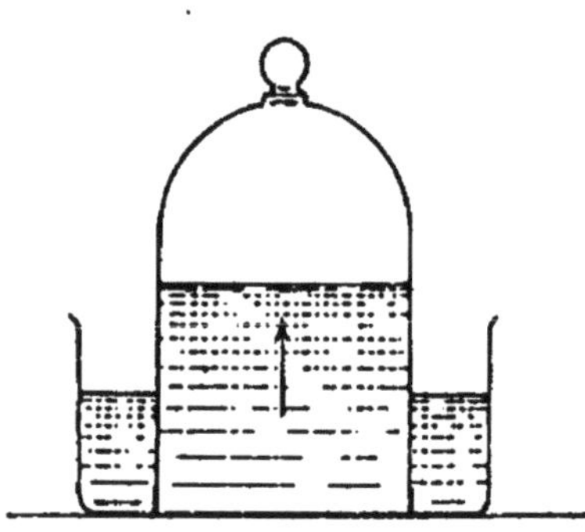

Fig. 88. — Action du chlore sur l'éthylène.

Il brûle avec une flamme assez éclairante en donnant du gaz carbonique et de l'eau.

Le *chlore* peut brûler l'éthylène lorsqu'on expose le mélange au soleil ou qu'on l'approche d'une flamme

$$C^2H^4 + 4\,Cl = 2C + 4HCl.$$

Il y a destruction du carbure tout comme avec le méthane. Mais si on abandonne à la *lumière diffuse* un mélange à volumes égaux de chlore et d'éthylène dans une cloche renversée sur la cuve à eau, les deux gaz disparaissent en formant une huile, la *liqueur des Hollandais* ou *chlorure d'éthylène* :

$$C^2H^4 + 2\,Cl = C^2H^4Cl^2.$$

Le chlorure d'éthylène est *identique à l'éthane dichloré* qui prend naissance dans l'action directe du chlore sur l'éthane, d'après la réaction

$$C^2H^6 + 4\,Cl = C^2H^4Cl^2 + 2\,HCl.$$

Le chlorure d'éthylène est donc à la fois un produit de *substitution de l'éthane* et un produit *d'addition de l'éthylène*.

De même l'éthylène chauffé avec un égal volume d'hydrogène, surtout en présence d'un métal poreux, donne régulièrement de l'éthane

$$C^2H^4 + 2\ H = C^2H^6.$$

Ce dernier apparaît donc comme un *produit d'addition* de l'éthylène.

Nous avons écrit la formule de l'éthane CH^3-CH^3 ; nous écrirons celle de l'éthylène $CH^2=CH^2$; le chlorure d'éthylène ou éthane dichloré, sera alors CH^2Cl-CH^2Cl.

On appelle *composés non saturés* ceux qui peuvent ainsi donner des produits *d'addition* par opposition aux *composés saturés* qui ne donnent que des produits de *substitution* (80).

Pratiquement, on sépare facilement les carbures saturés des carbures non saturés au moyen du chlore ou mieux encore du *brome* (1). Celui-ci absorbe instantanément à l'état de produits d'addition les carbures non saturés.

83. **Chlorure et bromure d'éthylène.** — Le chlorure d'éthylène est un liquide huileux ; d'où le nom de *gaz oléfiant* donné jadis à l'éthylène. Le bromure d'éthylène CH^2Br-CH^2Br ressemble beaucoup au chlorure d'éthylène sauf qu'il est plus lourd ; ce sont l'un et l'autre des liquides incolores, insolubles dans l'eau ; le chlorure bout à 85°, le bromure à 131°.

Traités par une solution alcoolique de potasse, ils perdent HCl ou HBr, et donnent $CH^2=CHCl$ ou $CH^2=CHBr$; c'est-à-dire l'éthylène monochloré ou monobromé. Ceux-ci sont des produits non saturés qui peuvent fixer Cl^2 ou Br^2 et

---

(1) Le *brome* est, avec le chlore, l'iode et le fluor, un métalloïde *halogène* ; c'est-à-dire qui se combine directement avec les métaux pour donner de véritables sels (chlorures, bromures, iodures et fluorures) bien cristallisés, et, avec l'hydrogène, des acides énergiques (acides chlorhydrique, bromhydrique, iodhydrique, fluorhydrique). Les affinités du chlore et du brome, pour l'hydrogène en particulier, sont bien plus marquées que celles de l'iode. Seuls les deux premiers *se substituent directement* à l'hydrogène des produits saturés. Les dérivés iodés s'obtiennent indirectement. Le fluor détruit les matières organiques.

Le fluor et le chlore sont des gaz, le brome est un liquide rouge très volatil; il bout à 60°; ses vapeurs sont irritantes. L'iode est un solide gris à reflets métalliques qui donne dès qu'on le chauffe de magnifiques vapeurs violettes.

donner $CH^2Cl-CHCl^2$ ou $CH^2Br-CHBr^2$, c'est-à-dire l'éthane trichloré ou tribromé.

Ceux-ci peuvent être traités à leur tour par la solution alcoolique de potasse de sorte que finalement on a le tableau :

Composés saturés :		*Composés non saturés :*	
CH^3-CH^3	éthane	$CH^2=CH^2$	éthène
CH^2Cl-CH^3	— monochloré	$CHCl=CH^2$	— monochloré
CH^2Cl-CH^2Cl	— dichloré	$CHCl=CHCl$	— dichloré
$CHCl^2-CH^2Cl$	— trichloré	$CHCl=CCl^2$	— trichloré
$CHCl^2-CHCl^2$	— tétrachloré	$CCl^2=CCl^2$	— tétrachloré
$CHCl^2-CCl^3$	— pentachloré		
CCl^3-CCl^3	— perchloré		

Le bromure d'éthylène soumis à l'action prolongée de la solution alcoolique de potasse à l'ébullition peut même perdre 2HBr et donner de l'acétylène $CH \equiv CH$

$$CH^2Br-CH^2Br - HBr = CH^2=CHBr$$
$$CH^2=CHBr - HBr = CH \equiv CH.$$

84. Acétylène : $CH \equiv CH$ (ou éthine). — L'acétylène prend naissance dans l'action directe du carbone et de l'hydrogène lorsqu'on fait jaillir l'arc électrique dans une atmosphère d'hydrogène. Mais on le prépare en grand aujourd'hui en décomposant par l'eau le *carbure de calcium*.

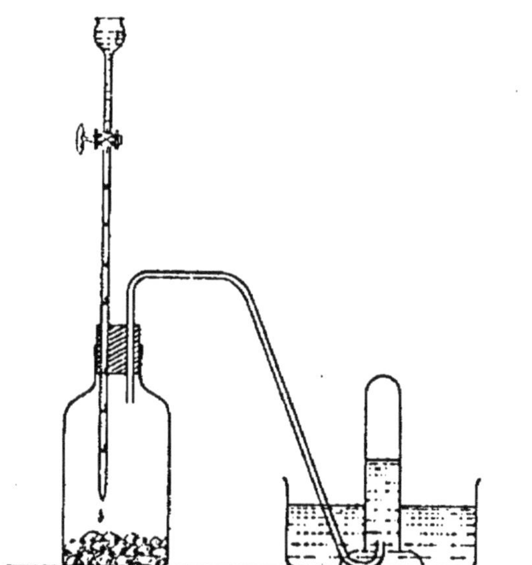

Fig. 89. — Préparation de l'acétylène.

Le carbure de calcium est, comme on sait, une matière dure, gris foncé, qui résulte de la réduction de la chaux vive par le charbon au four électrique (41) :

$$CaO + 3\,C = C^2Ca + CO.$$

Mis en présence de l'eau, il donne de la chaux éteinte et de l'acétylène

$$C^2Ca + 2\ H^2O = Ca(OH)^2 + C^2H^2.$$

Les générateurs industriels ont les formes les plus variées ; dans les laboratoires, on laisse tomber de l'eau, goutte à goutte, par un entonnoir à robinet, sur du carbure de calcium concassé et contenu dans un petit flacon muni d'un deuxième tube pour le dégagement du gaz.

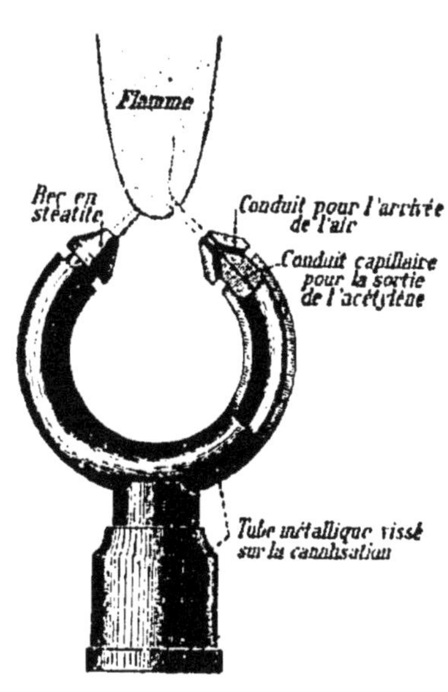

Fig. 90. — Bec à acétylène.

L'acétylène est incolore, d'une odeur éthérée s'il est pur, mais, dans la pratique, des produits étrangers lui communiquent une odeur fortement alliacée ; il est peu soluble dans l'eau mais soluble dans l'alcool ; il bout à — 85° ; la tension à 15° de l'acétylène liquide est de 40 atmosphères.

Son point critique est à 37°5 sous 68 atmosphères.

L'acétylène liquide est un explosif très dangereux. On le transporte aujourd'hui dissous à 10 atmosphères dans l'acétone, dans des récipients spéciaux.

L'acétylène brûle à l'air avec une flamme fuligineuse, mais si l'air est en quantité suffisante, si l'acétylène s'échappe en une nappe très étalée ([1]), il donne une flamme d'un très bel éclat.

Avec l'air ou mieux encore avec l'oxygène, il donne un mélange tonnant d'une extrême violence ; la température extrêmement élevée (3500°) du chalumeau à gaz acétylène et oxygène est utilisée, avons-nous dit (10), pour la soudure autogène du fer et le découpage des tôles.

Le *chlore* détone violemment au contact de l'acétylène

([1]) On obtient cette flamme étalée, en faisant échapper l'acétylène par deux ouvertures percées dans deux ajutages de stéatite et placées en regard l'une de l'autre (*fig.* 90).

impur ou à la lumière; cependant on peut, à l'aide de certains artifices, fixer le chlore sur l'acétylène et obtenir successivement le bichlorure d'acétylène $C^2H^2Cl^2$ ou éthylène bichloré, et le tétrachlorure d'acétylène $C^2H^2Cl^4$ qui est le chlorure d'éthylène bichloré ou l'éthane tétrachloré. L'acétylène est donc encore un *carbure non saturé*, plus éloigné encore de la saturation que l'éthylène, et en effet, au rouge sombre, l'acétylène se combine à l'hydrogène et donne successivement de l'éthylène et de l'éthane :

$$C^2H^2 + 2\,H = C^2H^4,$$
$$C^2H^4 + 2\,H = C^2H^6.$$

Les carbures non saturés ne se distinguent pas seulement des carbures saturés par la propriété qu'ils ont de donner des produits d'addition. Leurs affinités chimiques sont bien plus prononcées. Ainsi l'éthylène et l'acétylène s'oxydent bien plus facilement que l'éthane, et donnent par oxydation de l'*acide oxalique* : $CO^2H\text{-}CO^2H$.

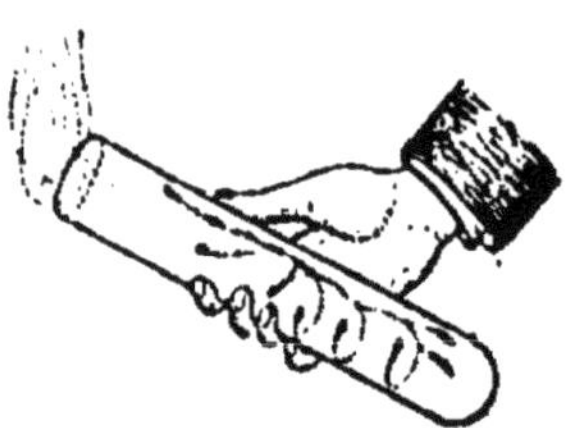

Fig. 91. — Combustion incomplète de l'éther.

En outre, dans l'acétylène, l'hydrogène peut être remplacé par un métal. L'acétylène passant sur du sodium convenablement chauffé donne de l'acétylure de sodium $CH{\equiv}CNa$ puis du carbure de sodium C^2Na^2. Ces composés, analogues au carbure de calcium, sont décomposés par l'eau avec formation d'acétylène et de soude caustique.

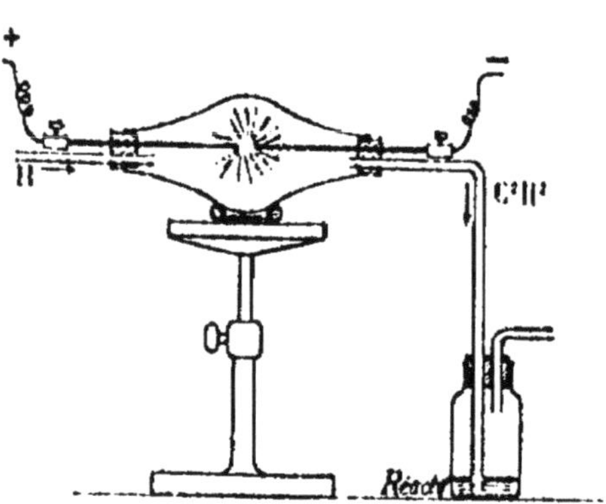

Fig. 92. — Synthèse de l'acétylène.

De même un courant d'acétylène précipite une dissolution ammoniacale d'azotate d'argent et on a de l'acétylure d'argent, composé blanc jaunâtre, fulminant et dangereux ; il donne également avec la solution ammoniacale de chlorure cuivreux (69) de l'acétylure cuivreux (Cu^2C^2 ou $Cu^2Cl.C^2H$, suivant les proportions). *L'acétylure cuivreux* est un beau précipité rouge qui sert à caractériser l'acétylène; sec, il détone par le choc.

On peut montrer, par exemple, que l'acétylène prend naissance dans la combustion incomplète des matières organiques : il suffit de faire brûler de l'éther dans une large éprouvette que l'on tient inclinée (*fig.* 91) ; quelques gouttes de chlorure cuivreux ammoniacal laisseront sur les parois un enduit rouge d'acétylure cuivreux.

On peut encore mettre en évidence la formation directe ou *synthèse de l'acétylène* par l'union de l'hydrogène et des vapeurs de carbone : on fait passer un courant d'hydrogène dans un œuf électrique (*fig.* 92) où jaillit l'arc électrique puis dans un laveur contenant le réactif précédent; il se fait un abondant dépôt rouge caractéristique, qui, chauffé avec de l'acide chlorhydrique concentré, régénère l'acétylène.

85. Gaz de l'éclairage. — Il s'obtient en distillant la houille. Une matière organique quelconque, chauffée au rouge en vase clos, se décompose : d'une part en produits volatils, d'autre part en un résidu fixe. Ce dernier est d'autant plus épais, d'autant plus lourd, d'autant plus riche en charbon, que la décomposition a été poussée plus loin ; ainsi, nous avons pu dire que le carbone amorphe est, en quelque sorte, une matière organique limite (41).

Les produits volatils sont au contraire d'autant plus simples, d'autant plus légers, d'autant plus pauvres en charbon que la température est plus élevée. Ils seront formés d'hydrogène, d'azote, de vapeur d'eau, d'ammoniac, d'oxyde de carbone, de gaz carbonique et des carbures d'hydrogène les plus simples.

On obtient en même temps des composés moins volatils qui se condensent sous forme de *goudrons*.

On prépare le *gaz d'éclairage* en chauffant de la houille [1] (une houille de qualité convenable, ni trop grasse ni trop maigre ou un mélange des deux) dans des cornues en terre réfractaire, à 900°, pendant trois ou quatre heures. La houille se dédouble en un charbon poreux, le *coke*, qui retient bien

---

[1] La houille résulte de la décomposition partielle des matières organiques végétales soit par la chaleur, soit par fermentation. De sorte que, dans les usines à gaz, on ne fait que pousser plus loin la décomposition.

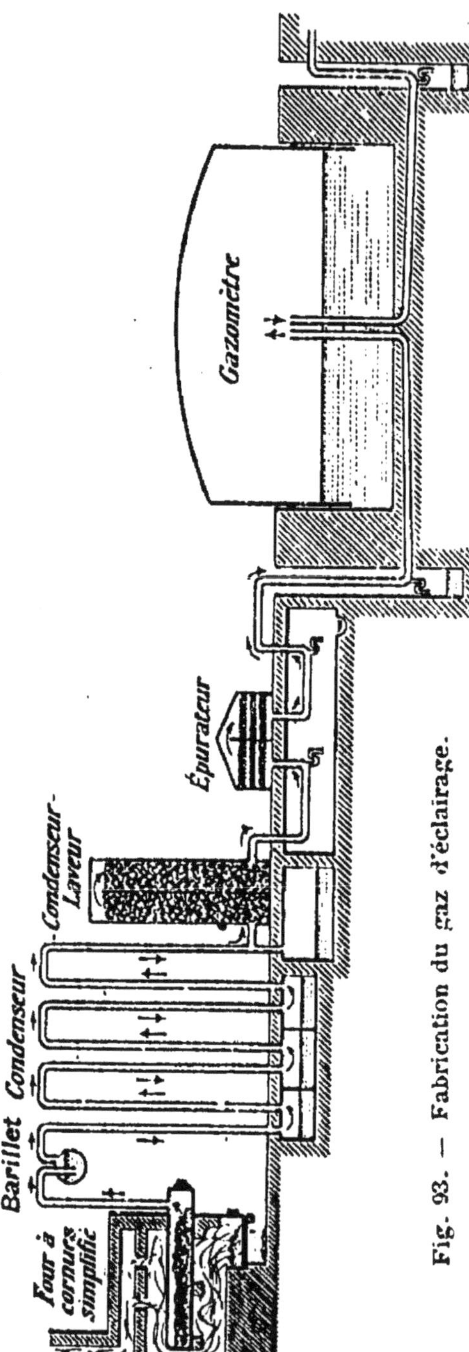

Fig. 93. — Fabrication du gaz d'éclairage.

entendu toutes les matières minérales fixes de la houille, et en des produits volatils. Ceux-ci éprouvent d'ailleurs, dans la cornue même, une décomposition ultérieure et laissent déposer sur les parois un graphite dur, compact et sonore : le *charbon de cornue*.

Les cornues ont la forme de cylindres à section elliptique et sont fermées à un bout ; elles sont couchées dans de grands fours chauffés au gazogène et munies à leur extrémité antérieure d'une fermeture en fonte portant un tube de dégagement. Tous ces tubes se recourbent et viennent plonger dans un cylindre horizontal à moitié plein d'eau. C'est le *barillet*, formant fermeture hydraulique, et où viennent se condenser à la fois des goudrons et les eaux ammoniacales.

Le gaz entraîné par des pompes ou des aspirateurs, passe ensuite dans de longs tuyaux en fonte (jeu d'orgue) exposés au refroidissement de l'air ambiant, ou mieux dans des tours de condensation, puis dans des laveurs où il subit des chocs destinés à aider à la précipitation des brouillards de goudron, et enfin dans des caisses d'épuration renfermant, étalé sur des claies, un mélange (mélange de Laming) de chaux et de sulfate ferreux additionné de sciure de bois humide, ou tout simplement de l'oxyde de fer. Là le gaz se débarrasse d'une série d'impuretés : ammoniaque, hydrogène sulfuré, composés cyanés.

Le gaz est alors recueilli dans de grands gazomètres, sortes de cloches gigantesques en tôle, renversées sur une cuve à eau et équilibrées par des contre-poids. Ceux-ci permettent de régler la pression sous laquelle le gaz est distribué dans les canalisations.

Le gaz de l'éclairage a une composition assez variable et telle, par exemple, que celle-ci :

Hydrogène. . . .	47 °/₀	Oxyde de carbone. .	8 °/₀
Méthane	35	Gaz carbonique . .	1
Autres carbures . .	5	Azote.	4

Le gaz brûle avec une flamme d'autant plus éclairante qu'il est plus riche en carbures et qu'il a été par conséquent préparé à une température moins élevée. On tend aujourd'hui à augmenter surtout le pouvoir calorifique du gaz en vue de l'éclairage par incandescence (bec Auer).

On mélange souvent au gaz de l'éclairage du gaz à l'eau (43) ; pour l'éclairage direct on ajoute alors au gaz des vapeurs de benzine (carburation).

L'éclairage par incandescence consiste à chauffer un manchon imprégné d'oxydes métalliques (terres rares), avec la flamme incolore d'une sorte de bec Bunsen. Les phénomènes de combustion qui se produisent dans la matière poreuse du manchon produisent des températures très élevées et une lumière éclatante.

86. Goudrons. — Les sous-produits de l'industrie du gaz sont les composés ammoniacaux dont nous avons déjà parlé, les dérivés du cyanogène et les goudrons.

Ces divers produits ont une importance industrielle de premier ordre. Les *goudrons*, en particulier, formés d'hydrocarbures, de composés oxygénés (phénols) et azotés (aniline) sont aujourd'hui la matière première fondamentale de nombreuses industries et tout spécialement de l'obtention de matières colorantes et pharmaceutiques.

Étant donné que les carbures sont neutres, que les phénols ont des caractères acides et que les substances azotées sont

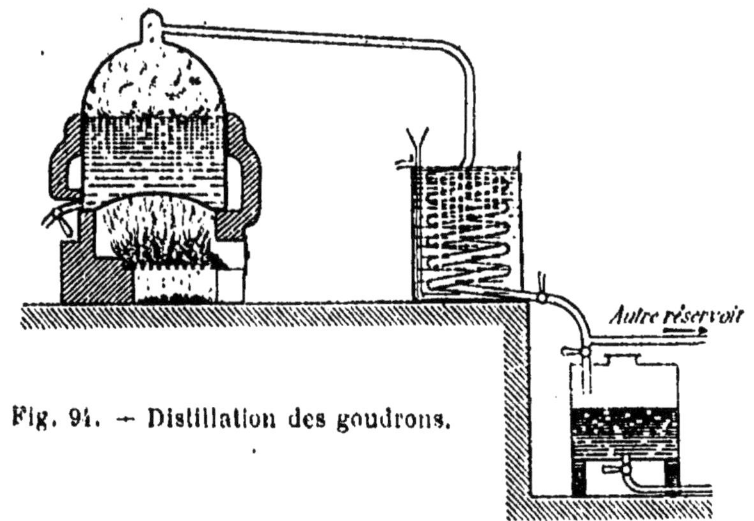

Fig. 94. — Distillation des goudrons.

des alcalis, on enlèvera les phénols par un lavage à la lessive de soude et les alcalis par l'acide sulfurique dilué.

On soumettra alors les carbures à la distillation de manière à séparer les produits par ordre de volatilité.

Les goudrons sont distillés dans de grandes chaudières en tôle de plusieurs mètres cubes de capacité. Les produits sont condensés par un serpentin.

On obtient successivement : 1° entre 50° et 150°, les *huiles légères* d'où nous extrairons la benzine et ses homologues ; 2° entre 150° et 200°, les *huiles moyennes* riches surtout en phénol ; 3° au-dessus de 200°, les *huiles lourdes* qui par refroidissement laisseront déposer la naphtaline. Il reste dans la chaudière un résidu épais et noir, le *brai* qui, mélangé avec du sable, sert à fabriquer l'asphalte, ou, suivant que la distillation a été poussée plus ou moins loin, le *bitume* qui, mélangé avec de la poussière de charbon, forme les *agglomérés* (boulets, briquettes...).

Les huiles légères sont *rectifiées* dans l'appareil Coupier. Celui-ci est formé d'une grande chaudière en cuivre, chauffée au moyen d'un serpentin parcouru par de la vapeur d'eau surchauffée, et surmontée d'une *colonne à plateaux*. Sur chaque plateau les vapeurs se condensent en un liquide qui ensuite se déverse par un trop plein sur le plateau infé-

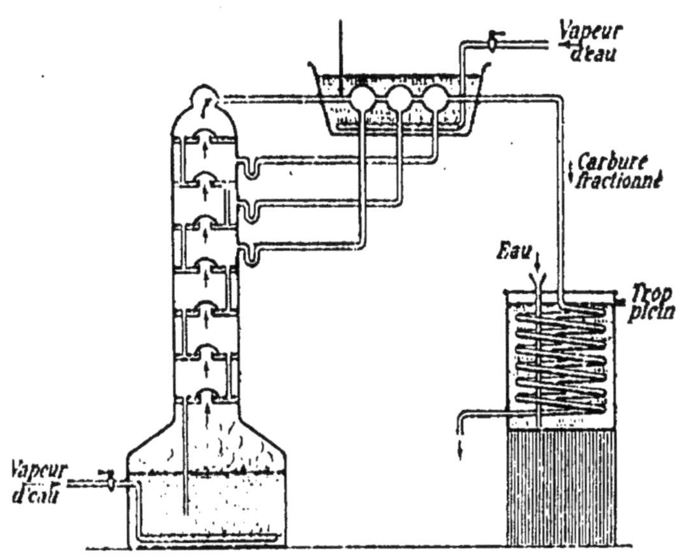

Fig. 95. — Appareil Coupier.

rieur. D'autre part les vapeurs qui s'élèvent dans la colonne, barbotent dans le liquide et lui enlèvent les produits les plus volatils en même temps qu'elles abandonnent au liquide leurs portions les plus fixes. Ainsi chaque plateau est le siège d'un nouveau fractionnement. Les vapeurs arrivent ainsi au haut de la colonne puis dans trois sphères placées dans un bain maintenu par exemple à 80° (point d'ébullition du benzène). Alors tous les produits moins volatils que le benzène se condensent et sont ramenés sur les plateaux supérieurs. Les vapeurs non condensées arrivent dans un serpentin refroidi et la benzine se condense.

87. Benzine ou benzène : C^6H^6. — La benzine est un liquide incolore, très mobile, d'une odeur caractéristique, qui se solidifie à 4°,5 et peut être purifié par cristallisation ; elle bout à 80°,4 c'est-à-dire très peu au-dessus de l'alcool ; elle est insoluble dans l'eau et surnage, $d = 0,9$; elle est soluble dans l'alcool et l'éther. Le benzène est un dissolvant pour de nombreux corps ; il sert à enlever les taches de graisse.

Le benzène brûle à l'air avec une flamme fuligineuse ; il suffit d'une trace de vapeur de benzène pour rendre très éclairante la flamme de l'hydrogène.

Le benzène peut fixer l'hydrogène, en présence des métaux poreux, ou le chlore, au soleil, pour donner des produits d'addition ; mais régulièrement le chlore (en présence d'un peu d'iode) donne du benzène monochloré ou *chlorure de phényle*

$$C^6H^6 + 2\,Cl = HCl + C^6H^5Cl,$$

c'est-à-dire un produit de substitution. Une action prolongée du chlore donnerait, comme avec le méthane, des produits plus chlorés.

Le benzène est d'ailleurs remarquable par sa résistance aux agents chimiques ; ainsi l'acide azotique fumant ne le détruit pas, au moins à froid, mais si on verse du benzène peu à peu et en agitant constamment dans un petit vase de Bohême entouré d'eau froide et contenant un mélange d'acide azotique (2 parties) et d'acide sulfurique concentré (1 partie), puis que l'on verse le tout dans un grand verre plein d'eau, l'eau dissout l'excès d'acides et on voit se rassembler au fond un liquide huileux et lourd : c'est le *nitrobenzène* $C^6H^5.NO^2$.

On a eu la réaction

$$C^6H^6 + NO^3H = H^2O + C^6H^5.NO^2;$$

un hydrogène du benzène a été remplacé par le radical NO^2. Si on pousse plus loin l'action de l'acide azotique, et si on laisse la température s'élever, on obtient successivement le benzène dinitré $C^6H^4.(NO^2)^2$, le benzène trinitré $C^6H^3(NO^2)^3$; bref la série des *dérivés nitrés du benzène*.

Le benzène mononitré ou *nitrobenzine* est un liquide huileux, plus lourd que l'eau, $d = 1{,}2$, qui bout à 210° et dont l'odeur rappelle celle de l'essence d'amande amère. Il est toxique et sa vapeur chauffée au rouge devient explosive. Nous verrons d'ailleurs que, d'une façon générale, les dérivés organiques nitrés sont des explosifs ; l'oxygène qu'ils renferment, tend à agir comme comburant et à donner avec le carbone et l'hydrogène, du gaz carbonique et de l'eau, l'azote étant mis en liberté.

Le nitrobenzène sert à fabriquer l'*aniline* (110) et aussi, dans la parfumerie grossière, à falsifier l'essence d'amande amère (on l'appelle alors *essence de Mirbane*).

Homologues du benzène. — On peut imaginer que les H du benzène soient remplacés par des CH^3 et par des radicaux plus complexes; on obtiendra ainsi la série des homologues du benzène représentés par la formule générale C^nH^{2n-6}.

Le premier terme de cette série est, après le benzène, le *toluène* $C^6H^5.CH^3$ ou *méthylbenzène* qui accompagne le benzène dans les huiles légères du goudron. Ses propriétés sont analogues à celles du benzène.

88. Naphtaline ou naphtalène : $C^{10}H^8$. — La *naphtaline* (ou le naphtalène) cristallise des huiles lourdes par refroidissement. On comprime cette masse et on a la naphtaline brute; on purifie la naphtaline brute en la *sublimant*, c'est-à-dire en la chauffant doucement, et en envoyant les vapeurs dans des chambres sur les parois desquelles la naphtaline se condense en paillettes blanches et brillantes, insolubles dans l'eau mais solubles dans l'alcool bouillant d'où elles cristallisent par refroidissement.

Le naphtalène pur fond à 79° et bout à 217°, mais dès la température ordinaire, il émet des vapeurs (d'une odeur particulièrement désagréable) ce qui explique la facilité avec laquelle la naphtaline peut être sublimée. Le gaz d'éclairage entraîne de petites quantités de vapeurs de naphtaline qui, pendant l'hiver, se condensent dans les conduites et les obstruent peu à peu.

Le naphtalène offre, comme le benzène, une certaine résistance aux agents chimiques; cependant il donne avec le chlore des naphtalènes chlorés, avec l'acide azotique des naphtalènes nitrés d'une belle couleur jaune. Les oxydants donnent de l'acide phtalique

$$C^{10}H^8 + 9O = C^6H^4(CO^2H)^2 + 2\,CO^2 + H^2O.$$

La naphtaline passe pour préserver des mites les fourrures et lainages; elle sert surtout comme matière première dans l'industrie des matières colorantes et de certains explosifs.

On retire aussi des huiles lourdes un autre carbure solide : l'*anthracène* $C^{14}H^{10}$ qui est le point de départ de la fabrication de l'alizarine (garance artificielle).

ALCOOLS

89. Distillation du bois. — La distillation du bois s'effectue dans de grands cylindres en fonte, chauffés au rouge sombre ; un résidu solide et poreux de *charbon de*

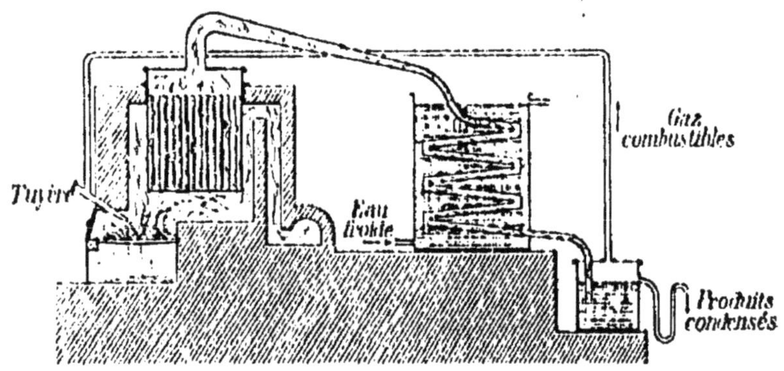

Fig. 96. — Distillation du bois.

bois reste dans les cornues, tandis que les produits volatils sont dirigés dans un serpentin refroidi. Parmi ces produits les uns sont gazeux et inflammables : on les ramène vers le foyer et on les utilise au chauffage des cornues ; les autres se condensent et forment deux couches superposées : en dessous, des goudrons formés de carbures et de phénols (les *créosotes* sont des dérivés du phénol extraits des *goudrons de hêtre*) et au-dessus, une couche aqueuse renfermant en dissolution et entre autres produits, de l'*alcool méthylique*, de l'*acide acétique* et de l'*acétone*.

On sépare cette couche aqueuse, on la traite par la chaux qui fixe l'acide acétique à l'état d'acétate de calcium, et on *distille*. L'alcool méthylique qui bout à 66° se sépare assez facilement de l'eau ; on le *rectifie* sur du chlorure de calcium pour achever de le dessécher.

L'acétate de calcium brut est traité par du sulfate ou du

carbonate de sodium, pour précipiter la chaux et obtenir une solution d'acétate de sodium. On purifie le sel par cristallisation et par une légère torréfaction qui détruit les matières goudronneuses.

Ayant l'acétate de sodium pur, on le recouvre d'acide sulfurique. Il se forme une couche d'acide acétique que l'on rectifie.

Nous étudierons plus loin l'*acide acétique* ; occupons-nous d'abord de l'*alcool méthylique*.

90. Alcool méthylique : $CH^3.OH$. — L'alcool méthylique, ou *méthanol*, ou encore *esprit de bois* est un liquide mobile, incolore, d'une odeur spiritueuse, d'une saveur brûlante. Il bout à 66° ; il est plus léger que l'eau ($d = 0{,}8$) à laquelle il se mélange en toutes proportions ; c'est un dissolvant des corps gras, des résines ; il sert à fabriquer les vernis.

Il est employé dans l'industrie des matières colorantes.

Il brûle avec une flamme pâle en donnant du gaz carbonique et de l'eau, c'est l'*alcool à brûler* ; il sert aussi à *dénaturer* l'alcool ordinaire.

Avec le sodium il donne de l'hydrogène et de l'alcool sodé

$$CH^3.OH + Na = CH^3.ONa + H,$$

tout comme l'eau donne de la soude caustique

$$H^2O + Na = HONa + H.$$

Donc l'alcool méthylique peut être considéré comme étant de l'eau dans laquelle un atome d'hydrogène est remplacé par le radical méthyle ; nous l'écrivons $CH^3.OH$ pour mettre en évidence l'hydrogène remplaçable par du sodium.

L'alcool méthylique mis en digestion *prolongée* avec du gaz chlorhydrique donne du *chlorure de méthyle* et de l'eau

$$CH^3.OH + HCl = CH^3Cl + H^2O,$$

de même que la potasse donne du chlorure de potassium et de l'eau

$$KOH + HCl = KCl + H^2O ;$$

seulement dans ce dernier cas la réaction est instantanée.

La relation entre le méthanol et le chlorure de méthyle nous montre que le méthanol $CH^3.OH$ est du méthane CH^4 dont un hydrogène est remplacé par un radical oxhydryle OH.

Ces diverses interprétations de la formule du méthanol ne sont pas contradictoires ; elles éclairent l'étude des réactions diverses de ce composé.

91. Alcool éthylique : CH^3-CH^2.OH. — Toutes les boissons fermentées, le vin, la bière, le cidre, renferment de l'alcool. Si on distille le vin, on obtient de l'eau-de-vie, puis par une nouvelle rectification on a de l'alcool. Nous étudierons plus loin la *fermentation alcoolique* et la *rectification de l'alcool*.

L'alcool du commerce retient toujours de l'eau. L'alcool

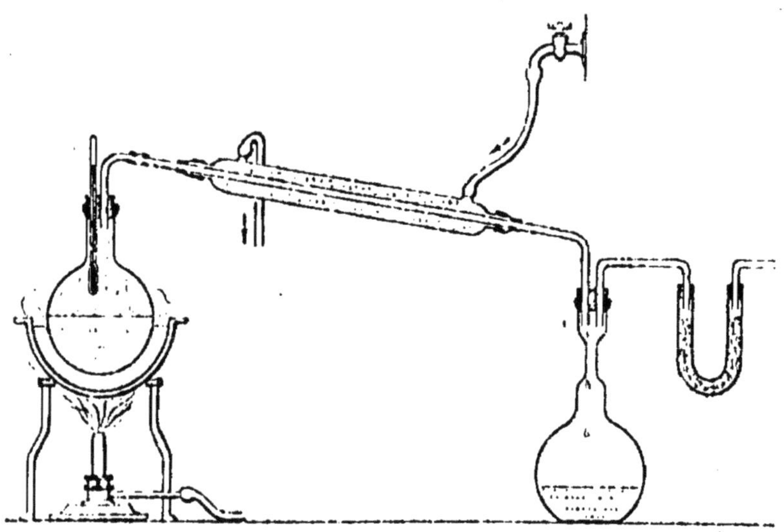

Fig. 97. — Préparation de l'alcool absolu.

à 90° renferme en volume 90 °/₀ d'alcool, on trouve aussi de l'alcool à 95° et à 97°. Pour avoir *l'alcool absolu*, c'est-à-dire rigoureusement exempt d'eau, on le distille sur du sodium : à cet effet on place dans un ballon bien sec de l'alcool fort, à 97° par exemple, avec une petite quantité de sodium. Ce métal agit à la fois sur l'alcool et sur l'eau, mais de préférence sur cette dernière en donnant de la soude caustique et en dégageant de l'hydrogène. De sorte que si on a mis une quantité convenable de sodium une petite proportion seulement d'alcool sera décomposée.

On chauffe le ballon au bain marie, les vapeurs d'alcool absolu viennent se condenser dans un *réfrigérant descendant*, c'est-à-dire dans un tube incliné, bien sec, entouré d'un manchon où circule un courant d'eau froide. L'alcool se rassemble dans un matras bien sec que l'on fermera ensuite à la lampe car l'alcool absolu est très hygrométrique.

Il est prudent aussi, pendant l'opération, de protéger le ballon de l'humidité de l'air par interposition d'un tube desséchant au chlorure de calcium.

L'*alcool éthylique*, ou *éthanol*, ou encore l'*esprit de vin* est un liquide incolore, mobile, d'une odeur spiritueuse, d'une saveur brûlante, qui bout à 78°,3 et se solidifie seulement à — 130°. Aussi est-il employé au remplissage des thermomètres pour températures basses.

Il est plus léger ($d_0 = 0,806$) que l'eau à laquelle il se mélange en toutes proportions. Le mélange est accompagné, comme on sait, d'un dégagement de chaleur et d'une contraction notables.

L'alcool est un dissolvant des corps gras, des résines, d'un grand nombre de matières organiques et de certains sels minéraux, du sel de cuisine par exemple ; la flamme jaune, pratiquement monochromatique, de l'*alcool salé* est employée en optique.

Il brûle avec une flamme pâle et chaude en donnant du gaz carbonique et de l'eau

$$C^2H^6O + 6\,O = 2\,CO^2 + 3\,H^2O\ ;$$

il sert de plus en plus pour l'éclairage et le chauffage ; on le dénature alors avec de l'alcool méthylique, des huiles d'acétone ou du benzène à cause des droits dont est frappé l'alcool comestible. L'alcool intervient en outre dans la plupart des opérations de la chimie organique, scientifique ou industrielle et, tandis qu'en France, l'utilisation de l'alcool est entravée par toutes sortes d'obstacles administratifs, les *peuples industriels* s'efforcent de faciliter la production et la circulation de l'alcool. L'Allemagne seule en fabrique par an plus de trois millions d'hectolitres.

Avec le sodium, l'alcool donne de l'hydrogène et de l'alcool sodé

$$CH^3\text{-}CH^2.OH + Na = CH^3\text{-}CH^2.ONa + H\ ;$$

pour la même raison que tout à l'heure nous écrivons donc la formule de l'alcool $C^2H^5.OH$ ou $CH^3\text{-}CH^2.OH$ mettant ainsi en évidence le radical *éthyle* ($CH^3\text{-}CH^2$) et l'atome d'hydrogène remplaçable par du sodium.

L'alcool mis à froid en présence d'acide sulfurique concentré donne de l'*acide éthylsulfurique* ou sulfate acide d'éthyle :

$$SO^4H^2 + C^2H^5.OH = H^2O + SO^4H.C^2H^5 ;$$

mais si on chauffe le mélange au-dessus de 160°, l'acide éthylsulfurique se décompose et donne de l'éthylène

$$SO^4H.C^2H^5 = SO^4H^2 + C^2H^4,$$

de sorte que tout se passe finalement comme si l'acide sulfurique avait simplement déshydraté l'alcool.

L'alcool éthylique mis en digestion prolongée avec du gaz chlorhydrique donne du *chlorure d'éthyle* (éthane monochloré) et de l'eau :

$$C^2H^5.OH + HCl = C^2H^5Cl + H^2O.$$

L'*éthanol* résulte donc de l'éthane en remplaçant un hydrogène par un oxhydryle. L'éthanol $CH^3\text{-}CH^2.OH$ est à l'éthane $CH^3\text{-}CH^3$ ce que le méthanol $CH^3.OH$ est au méthane CH^4 ; ou encore, comme dans une proportion on peut toujours intervertir les extrêmes et les moyens, l'éthanol $CH^3\text{-}CH^2.OH$ est au méthanol $CH^3.OH$ ce que l'éthane $CH^3\text{-}CH^3$ est au méthane CH^4.

92. Fonction alcool. — En résumé, l'*alcool éthylique* a *les mêmes caractères chimiques que l'alcool méthylique* dont il est l'homologue supérieur puisqu'il résulte du méthanol en remplaçant un H par le radical méthyle CH^3.

Il existe de nombreux composés organiques que l'on appelle des *alcools*, dérivant des carbures par substitution d'un oxhydryle à un hydrogène et possédant tous la propriété de se combiner aux acides, *avec élimination d'eau*, pour donner des composés que l'on appelle des *éthers-sels*.

La *fonction alcool* est l'ensemble des composés jouissant des propriétés caractéristiques des alcools et susceptibles notamment de donner avec les acides des éthers-sels ; en chimie minérale nous connaissions déjà la fonction acide, la fonction base, la fonction sel ; en chimie organique nous avons déjà appris à connaître la fonction carbure saturé, la fonction carbure non saturé, la fonction alcool.

Enfin certains alcools, appelés *alcools primaires*, les alcools méthylique et éthylique par exemple, peuvent, par une oxydation ménagée, donner des acides (acides formique, acétique); c'est là encore un caractère de la fonction alcool primaire.

93. Oxydation des alcools. — Aldéhydes. — Chlo-

roforme. Iodoforme. — Les alcools brûlent à l'air en donnant du gaz carbonique et de l'eau ; mais on peut aussi soumettre les *alcools primaires* à une oxydation ménagée et obtenir successivement des *aldéhydes* et des *acides*.

Ainsi le *méthanol*, mélangé d'air, donne, au contact de la mousse de platine chauffée, du *méthanal* et de l'eau

$$CH^3.OH + O = H^2O + CH^2O.$$

Le méthanal (aldéhyde formique, formol) est un antiseptique puissant et un réducteur ; les oxydants le transforment en *acide formique* HCO^2H.

De même l'*éthanol* CH^3-$CH^2.OH$ donne, par une oxydation ménagée, l'*éthanal* ou *aldéhyde acétique* CH^3-CHO et par une oxydation plus avancée, l'*acide acétique* CH^3-CO^2H que nous étudierons plus loin.

L'*éthanal* traité par du chlore donne, entre autres produits de substitution, l'éthanal trichloré ou *chloral* CCl^3-CHO.

Celui-ci s'obtient en réalité en traitant par du *chlore* bien

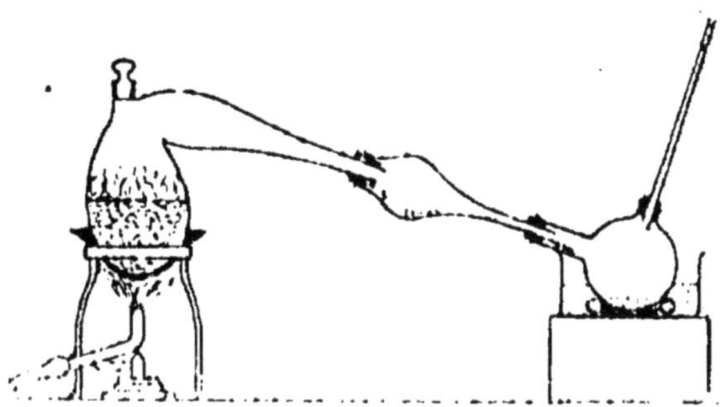

Fig. 98. — Préparation du chloroforme.

sec de *l'alcool absolu* ou au moins à 98° et tout d'abord refroidi à 0° puis chauffé légèrement à mesure que l'action se ralentit. On peut admettre que le chlore enlève d'abord à l'alcool 2H en donnant de l'aldéhyde qui, par substitution chlorée, se transforme ensuite en chloral. On a la réaction :

$$CH^3\text{-}CH^2OH + 8\ Cl = CCl^3\text{-}CHO + 5\ HCl.$$

Le *chloral* est un liquide instable d'une odeur irritante ; il bout à 98° et donne avec l'eau de beaux cristaux d'*hydrate de chloral* CCl^3-$CHO + H^2O$ employé comme calmant.

Les alcalis dédoublent le chloral en formiate de potassium

et *chloroforme*

$$CCl^3\text{-}CHO + KOH = CHO^2K + CHCl^3.$$

Nous sommes ainsi conduits à la *préparation* du *chloroforme* (79).

Le chloroforme pur s'obtient en partant du chloral ; mais on le prépare couramment en distillant de l'*alcool* (ou de l'*acétone*) avec un grand excès de *chlorure de chaux* additionné d'un *lait de chaux*, dans une grande cornue communiquant avec un récipient refroidi.

Le chlorure de chaux agit sur l'alcool à la fois comme oxydant en donnant l'aldéhyde, comme chlorurant en donnant le chloral, et enfin comme alcali en dédoublant le chloral et produisant du chloroforme. Le chloroforme ainsi obtenu est mélangé d'eau et d'alcool ; on le rectifie une première fois, on le lave avec un peu d'eau pour enlever l'alcool qu'il retient ; on le dessèche sur du chlorure de calcium et on le rectifie à nouveau.

Dans les laboratoires, on *rectifie* les produits organiques

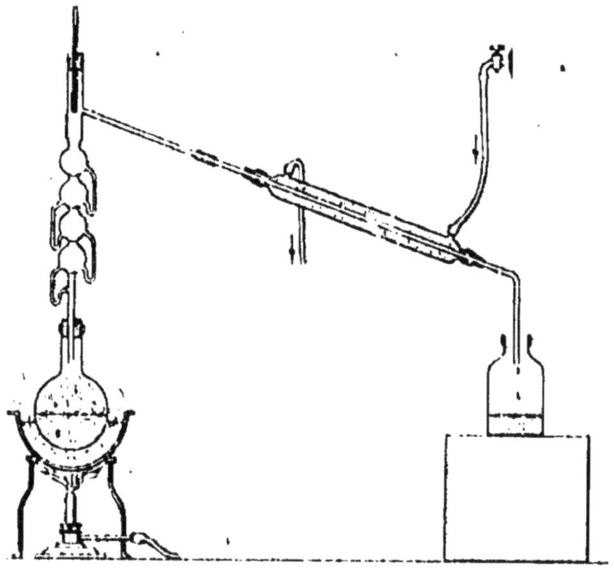

Fig. 99. — Rectification d'un mélange de liquides volatils.

en intercalant entre le ballon et le réfrigérant un serpentin en verre ou encore un tube à boules de Lebel et Henninger, dont les étranglements sont obturés par des rondelles de toile de platine; les boules sont munies de trop-pleins latéraux, de sorte que le tube à boules fonctionne comme une colonne à plateaux.

Le *chloroforme* est un liquide incolore, d'une odeur caractéristique, d'une saveur brûlante; il bout à 61°; il est lourd ($d = 1,48$), comme d'ailleurs, en général, les produits chlorés; il est peu soluble dans l'eau mais il dissout facilement les substances organiques et certains métalloïdes : l'iode, le soufre, par exemple.

La vapeur de chloroforme passant, au rouge naissant, sur du cuivre donne du chlorure cuivreux et de l'acétylène

$$2\,CHCl^3 + 6\,Cu = 6\,CuCl + C^2H^2.$$

Le chloroforme a les propriétés calmantes du chloral; ou plutôt, est-ce peut-être le chloral qui dans l'organisme se dédouble en chloroforme. Ce dernier, pour pouvoir être employé en inhalations, doit être de préparation récente. Ce produit s'altère en effet à l'air en donnant de l'oxychlorure de carbone [1] $COCl^2$ dangereux à respirer et de l'acide chlorhydrique

$$CHCl^3 + O = COCl^2 + HCl.$$

Le chloroforme altéré trouble une solution de nitrate d'argent par suite d'une précipitation de chlorure d'argent.

Il se conserve mieux en présence de l'alcool, mais on reconnaît le chloroforme alcoolisé à ce qu'il se trouble par agitation avec l'eau.

L'iodoforme ou méthane triiodé, CHI^3, s'obtient par un procédé analogue; on porte à l'ébullition un mélange d'alcool (ou d'acétone) et d'une lessive de carbonate de soude, puis on y projette des cristaux d'iode. Tout se passe encore comme s'il y avait successivement oxydation de l'alcool par l'iode en milieu alcalin et formation d'aldéhyde, puis d'aldéhyde triiodé et dédoublement de celui-ci par l'alcali avec formation d'iodoforme.

Ce dernier se dépose en lamelles jaunes, peu solubles dans l'eau, solubles dans l'alcool et l'éther, et fondant vers 120°.

---

[1] L'oxychlorure de carbone est un gaz qui résulte de l'union directe de l'oxyde de carbone et du chlore au soleil. Il bout à + 8°. Il donne avec l'eau du gaz carbonique et de l'acide chlorhydrique

$$COCl^2 + H^2O = CO^2 + 2\,HCl.$$

L'iodoforme possède une odeur très pénétrante et extrêmement désagréable ; il est employé comme antiseptique et cicatrisant.

ACIDE ACÉTIQUE ET ÉTHERS

---

94. Fermentation acétique. — Le *vin* abandonné à l'air aigrit et se transforme en *vinaigre* ; il se forme en même temps à la surface du liquide une sorte de voile appelé *mère du vinaigre*. Ce voile examiné au microscope est constitué par de petites cellules de *mycoderma aceti*. C'est le ferment qui provoque la transformation ; il ne peut se développer qu'au contact de l'air.

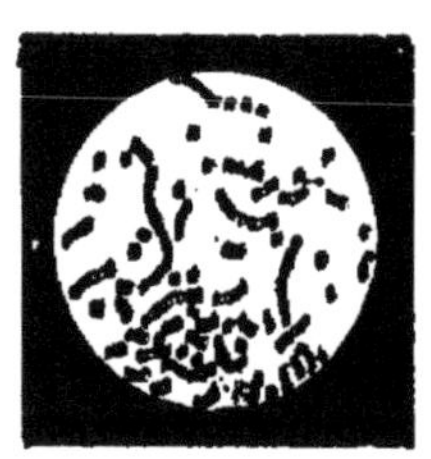

Fig. 100. — *Mycoderma aceti.*

Pour fabriquer le vinaigre, on place du vin (¹) soit dans des bacs à fond plat, soit dans des tonneaux percés de trous sur le pourtour vers la partie inférieure, dont le couvercle supérieur a été enlevé et que l'on a remplis de copeaux de hêtre pour augmenter la surface de contact du liquide et de l'air. On sème à la surface du liquide des germes pris dans un tonneau en voie de fermentation ; cette dernière ne tarde pas à s'établir. On maintient la température vers 30°.

De temps en temps on soutire le vinaigre que l'on remplace par du vin, de sorte que la liqueur est toujours acide.

La transformation du vin en vinaigre consiste dans l'oxydation de l'alcool qui passe à l'état d'*acide acétique*,

$$CH^3\text{-}CH^2OH + 2O = H^2O + CH^3\text{-}CO^2H.$$

C'est l'oxygène de l'air qui est fixé sur l'alcool, l'air est donc indispensable à l'acétification.

Si le milieu est trop riche en alcool, le ferment se déve-

(¹) En réalité l'on acétifie de l'alcool bon goût étendu d'eau, à 10° ; on a ainsi un vinaigre incolore que l'on teinte avec du caramel.

loppe mal et il faut ajouter de l'eau aux vins qui marquent plus de 10°. Au début, l'oxydation peut aller trop loin et donner du gaz carbonique

$$C^2H^6O + 6O = 2CO^2 + 3H^2O.$$

La présence de l'acide modère l'oxydation ; c'est là la raison pour laquelle on soutire le vinaigre par portions successives.

On n'extrait pas l'acide acétique du vinaigre; on falsifie au contraire le vinaigre avec de l'acide pyroligneux et parfois même avec de l'acide chlorhydrique ou de l'acide sulfurique.

L'acide acétique pur s'obtient, nous l'avons vu, en distillant de l'acétate de sodium pur et sec, avec de l'acide sulfurique.

95. **Acide acétique** : $CH^3\text{-}CO^2H$. — L'acide acétique ou *acide éthanoïque* est un solide qui fond à 17°,4 ; il est facile de le purifier par cristallisation, il suffit pendant l'hiver d'en laisser un flacon à l'extérieur. Les premières portions solidifiées sont de l'acide pur, on décante les dernières portions restées liquides, et on recommence plusieurs fois ce fractionnement.

L'acide acétique bout à 118°; il émet des vapeurs d'une odeur piquante ; il est miscible à l'eau en toute proportion, il lui communique une saveur particulière et une réaction acide.

La solution acétique rougit le tournesol, donne avec le fer, le zinc et le magnésium un dégagement d'hydrogène avec production d'acétates de fer, de zinc et de magnésium, fait effervescence avec les carbonates, enfin donne des acétates avec les alcalis.

Ainsi avec la soude caustique on a la réaction

$$CH^3\text{-}CO^2H + NaOH = H^2O + CH^3\text{-}CO^2Na.$$

L'acide acétique possède donc tous les caractères d'un acide, mais bien qu'il renferme quatre atomes d'hydrogène, un seul de ces hydrogènes est remplaçable par un métal pour donner un sel, les trois H du groupe méthyle n'ont pas les propriétés acides. La formule $CH^3\text{-}CO^2H$ met bien en évidence l'hydrogène de la fonction acide.

L'acide acétique soumis à l'action du chlore donne un produit de substitution l'*acide acétique trichloré* $CCl^3\text{-}CO^2H$ qui est à l'acide acétique $CH^3\text{-}CO^2H$ ce que le chloroforme $CHCl^3$ est au méthane CH^4. Ce composé a les mêmes caractères que l'acide acétique; c'est en outre un acide plus énergique.

Les solutions d'acide acétique et des acétates sont des *électrolytes*. L'acétate de potassium donne à la cathode le métal ou plutôt en réalité de la potasse et de l'hydrogène, tandis que $CH^3 - CO^2$ se porte à l'anode ; là il dégage CO^2, et deux groupes méthyle s'unissent en une molécule d'éthane

$$\begin{matrix} CH^3\text{-}CO^2K \\ CH^3\text{-}CO^2K \end{matrix} + 2\,H^2O = \underbrace{2\,H + 2\,KOH}_{-} + \underbrace{2\,CO^2 + \begin{matrix} CH^3 \\ | \\ CH^3 \end{matrix}}_{+}$$

Cette réaction fondamentale montre bien que l'éthane est du di-méthyle. Elle peut être utilisée pour préparer ce gaz.

L'acide acétique chauffé au rouge vif se dédouble en méthane et gaz carbonique

$$CH^3\text{-}CO^2H = CH^4 + CO^2$$

mais, comme nous l'avons déjà vu, *on prépare plus régulièrement le méthane* en chauffant vers 400°, dans une cornue en grès, de l'acétate de sodium fondu avec de la chaux sodée (78).

L'acétate de calcium donne, par distillation sèche, du carbonate de calcium et de l'*acétone*, qui est un dissolvant de l'acétylène et des poudres pyroxylées (102). On a la réaction

$$(CH^3\text{-}CO^2)^2Ca = CO^3Ca + \underbrace{CH^3.CO.CH^3}_{\text{acétone.}}$$

L'acétate de cuivre est employé pour la fabrication des couleurs vertes de cuivre; le *vert de gris* est un acétate basique ou sous-acétate qui se forme par l'oxydation du cuivre à l'air en présence des aliments acides; le *sel de Saturne* et l'*extrait de Saturne* sont des acétates neutre et basique de plomb employés dans la fabrication de la *céruse*; enfin les *acétates* de *fer* et d'*aluminium* sont des *mordants*.

96. Acides gras. — Fonction acide. — L'acide acétique vient d'être caractérisé en tant qu'acide; il est le premier terme de toute une série d'*acides homologues* $C^nH^{2n+1}.CO^2H$ que l'on appelle les *acides gras*.

Ces composés forment une *série homologue* dans laquelle les points de fusion et d'ébullition s'élèvent régulièrement. Les premiers termes sont solubles dans l'eau, les termes supérieurs y sont insolubles mais solubles dans l'alcool ; en même temps le caractère acide s'affaiblit.

Mais tous ces composés possèdent la propriété de donner avec les bases des sels dont les solutions sont des électrolytes.

Les plus importants de ces acides gras sont l'*acide palmitique* $C^{15}H^{31}.CO^2H$ et l'*acide stéarique* $C^{17}H^{35}.CO^2H$. Ce sont des solides blancs très fusibles qui fondent le premier à 62°, le second à 69°,2. On les retire des *graisses* et ils donnent avec les alcalis des sels qui entrent comme partie essentielle dans la constitution des *savons*. Ils servent en outre à fabriquer les *bougies stéariques*. Nous reviendrons là-dessus plus loin.

L'*acide oléique*, que l'on extrait des huiles, est liquide à la température ordinaire; sa formule $C^{17}H^{33}\text{-}CO^2H$ indique un corps non saturé ($C^nH^{2n-1}\text{-}CO^2H$); et en effet l'acide oléique peut donner des produits d'addition et il est oxydable à l'air. Il se solidifie à 14° et bout vers 220° dans le vide. Chauffé trop fort, il se dédouble.

D'ailleurs tous les acides gras, ou leurs sels alcalins, perdent CO^2 sous l'action de la chaleur et donnent un carbure ; ainsi le *propionate* de sodium donne de l'*éthane*

$$\underset{\text{propionate de sodium}}{C^2H^5.CO^2Na} + NaOH = CO^3Na^2 + C^2H^6;$$

on voit que la réaction est générale.

Les sels de calcium donnent au contraire, du moins dans certaines conditions, les homologues de l'acétone.

Les acides gras traités par l'hydrogène naissant redonnent l'alcool primaire dont ils dérivent par oxydation :

$$CH^3\text{-}CO^2H + 4H = CH^3\text{-}CH^2OH + H^2O.$$

Enfin les acides organiques donnent avec les alcools des éthers-sels et de l'eau.

97. Éthers-sels. — 1° Éthers des acides minéraux. — Nous avons dit que les alcools donnent avec les acides minéraux des éthers-sels et de l'eau ; ainsi l'*alcool éthylique* mis en digestion prolongée avec du *gaz chlorhydrique* donne du *chlorure d'éthyle* et de l'eau. Dans les mêmes conditions l'*alcool méthylique* donne du *chlorure de méthyle*

$$CH^3.OH + HCl = CH^3Cl + H^2O,$$

$$CH^3\text{-}CH^2.OH + HCl = CH^3\text{-}CH^2Cl + H^2O.$$

Après vingt-quatre heures, on distille le chlorure d'éthyle, on lave les vapeurs à l'eau, on les sèche sur du chlorure de calcium et on les condense en un liquide qui bout à 12°.

Chlorure de méthyle. — Le chlorure de méthyle s'obtient, régulièrement, en chauffant dans un ballon du *sel marin* fondu et concassé avec un mélange d'*acide sulfurique concentré* et d'*alcool méthylique*. L'acide chlorhydrique résultant de l'action de SO^4H^2 sur NaCl, réagit sur l'alcool méthylique et donne du chlorure de méthyle. Le gaz dégagé passe dans un flacon à potasse où il se débarrasse de l'acide chlorhydrique entraîné; on peut le recueillir sur l'eau ou bien le dessécher et le liquéfier. On a la réaction

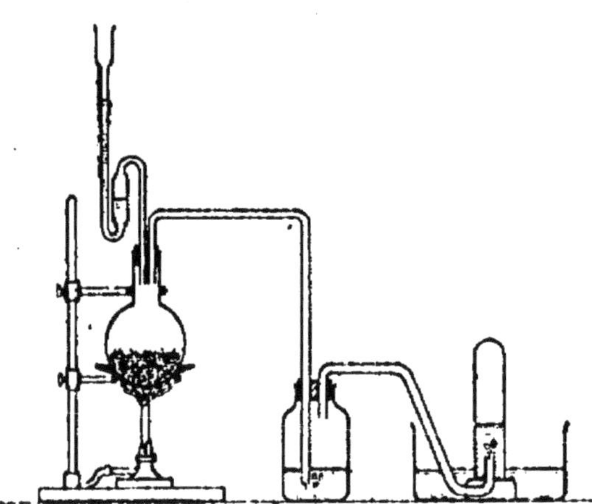

Fig. 101. — Préparation du chlorure de méthyle.

$$CH^3.OH + NaCl + SO^4H^2 = SO^4NaH + H^2O + CH^3Cl.$$

Le chlorure de méthyle est un gaz incolore, inodore, qui peut être facilement liquéfié : il bout à — 23° ; on trouve dans l'industrie le chlorure de méthyle liquide, c'est un sous-produit du traitement des vinasses de betterave (106). Il est utilisé comme réfrigérant, il permet, en effet, par évaporation rapide à l'aide d'un courant d'air, de produire des froids de — 60°. Il est très soluble dans l'alcool et légèrement soluble dans l'eau.

Le chlorure de méthyle brûle avec une *flamme bordée de vert*, de même que le chlorure d'éthyle et en général les dérivés chlorés :

$$CH^3Cl + 3O = CO^2 + H^2O + HCl.$$

Le chlorure de méthyle intervient dans l'industrie des matières colorantes.

Sulfates d'éthyle. — L'alcool réagit lentement sur l'acide sulfurique concentré et donne du sulfate acide d'éthyle, que l'on ne peut isoler de sa solution, mais qui donne avec les alcalis étendus des éthylsulfates bien cristallisés

$$C^2H^5.OH + SO^4H^2 = H^2O + SO^4H.C^2H^5,$$
$$SO^4H.C^2H^5 + NaOH = SO^4Na.C^2H^5 + H^2O.$$

Le sulfate neutre d'éthyle s'obtient par la *méthode générale* qui consiste à traiter le sel d'argent de l'acide par l'éther chlorhydrique (ou mieux iodhydrique) de l'alcool ; ainsi avec l'iodure d'éthyle et le sulfate d'argent, on aura de l'iodure d'argent et du sulfate d'éthyle

$$SO^4Ag^2 + 2C^2H^5I = 2AgI + SO^4(C^2H^5)^2.$$

Le sulfate d'éthyle est un liquide assez lourd, qui bout à 208°. Il est insoluble dans l'eau ; celle-ci le décompose, rapidement à l'ébullition, en acide sulfurique et alcool

$$SO^4(C^2H^5)^2 + 2H^2O = SO^4H^2 + 2C^2H^5.OH.$$

2° **Éthers des acides organiques.** — Les acides organiques mis en présence des alcools donnent également des éthers-sels et de l'eau ; ainsi avec l'acide acétique et l'alcool on a de l'acétate d'éthyle

$$CH^3\text{-}CO^2H + CH^3\text{-}CH^2.OH = H^2O + CH^3\text{-}CO^2(CH^2\text{-}CH^3),$$

mais la réaction est extrêmement lente ; à froid elle peut

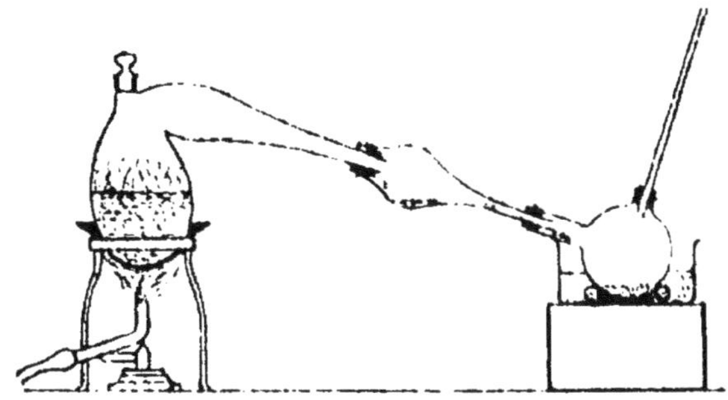

Fig. 102. — Préparation de l'éther acétique.

durer des années ; en outre elle n'est jamais complète car inversement l'eau dédouble en partie l'éther formé en acide et alcool.

Pratiquement, les éthers-sels s'obtiennent soit par la méthode générale indiquée plus haut, c'est-à-dire ici par l'action de l'acétate d'argent sur l'iodure d'éthyle par exemple, soit en distillant le mélange d'alcool et d'acide avec de l'acide sulfurique concentré. Celui-ci favorise l'éthérification parce qu'il retient l'eau mise en liberté.

Ainsi l'acétate d'éthyle s'obtient régulièrement en distillant doucement un mélange d'alcool, d'acétate de sodium et d'acide sulfurique concentré dans une cornue dont le col pénètre dans un ballon refroidi. On agitera ensuite l'éther avec de l'eau salée qui dissout l'alcool et l'acide entraînés; on verse le tout dans un entonnoir dont on bouche la douille avec l'index ; l'eau salée se rassemble à la partie inférieure, on la laisse s'écouler et il reste l'éther.

Fig. 103. — Séparation de l'éther.

L'*acétate d'éthyle* est un liquide incolore, d'une odeur de fruits particulière; il est peu soluble dans l'eau, mais soluble dans l'alcool.

Il est neutre aux réactifs; *sa solution ne conduit pas le courant et ne donne pas les réactions des acétates, pas plus d'ailleurs que le chlorure d'éthyle ne précipite par le nitrate d'argent. Il y a là une distinction fondamentale à retenir entre les éthers-sels et les sels métalliques.*

Chauffé avec une lessive de soude, l'acétate d'éthyle se dédouble peu à peu en acétate de sodium et alcool

$$CH^3\text{-}CO^2.C^2H^5 + NaOH = CH^3\text{-}CO^2Na + C^2H^5OH.$$

Cette réaction, commune à tous les éthers-sels, d'être dédoublés par les alcalis, s'appelle la *saponification*. Nous allons voir en effet que les corps gras sont les éthers-sels d'un alcool, la glycérine, et des acides gras, et qu'ils sont dédoublés par les alcalis en glycérine et en des sels de soude des acides gras, sels qui sont les constituants fondamentaux *des savons*.

GLYCÉRINE. — CORPS GRAS. — BOUGIES. — SAVONS.

98. **Glycérine** : $CH^2.OH\text{-}CH.OH\text{-}CH^2.OH$. — La glycérine doit son importance industrielle à ce qu'elle est un cons-

tituant fondamental des matières grasses naturelles. Elle résulte de la transformation de ces matières grasses en vue de la fabrication des bougies stéariques (glycérine de stéarinerie) et des savons (glycérine de savonnerie).

Elle est utilisée en pharmacie, en parfumerie ; mais sa principale application réside dans la fabrication de la nitroglycérine.

La glycérine est un liquide très sirupeux, incolore, inodore, d'une saveur sucrée, soluble dans l'eau et dans l'alcool en toutes proportions, et insoluble dans l'éther.

La glycérine est plus lourde que l'eau : sa densité est 1,26 ; lorsqu'elle est chimiquement pure elle peut être solidifiée par refroidissement et conserver ensuite l'état solide jusqu'à 18° ; en fait, comme elle est très hygrométrique, il est très difficile de préparer de la glycérine rigoureusement exempte d'eau.

Sous la pression atmosphérique, la glycérine distille vers 280° ; mais, à cette température, elle se décompose en partie, dégage de l'eau et donne de l'acroléine ou aldéhyde acrylique $CH^2{=}CH{-}CHO$, dont les vapeurs ont une odeur irritante caractéristique.

On distillera donc la glycérine soit sous pression réduite, soit par entraînement au moyen de la vapeur d'eau. C'est ce que l'on fait dans l'industrie pour purifier la glycérine. L'eau qui a entraîné la glycérine est ensuite évaporée doucement et la glycérine reste dans la chaudière ; elle est d'autant plus concentrée que l'évaporation de l'eau est poussée plus loin.

La glycérine est un alcool, car elle donne avec les acides des éthers-sels et de l'eau ; une molécule de glycérine peut se combiner avec une, deux ou trois molécules d'acide acétique, par exemple, pour donner trois éthers différents ; de telle sorte que nous aurons trois réactions possibles correspondant à la formation de trois éthers, savoir :

$$C^3H^5(OH)^3 + CH^3{-}CO^2H = H^2O + \underset{\text{monacétine}}{C^3H^5(CH^3{-}CO^2)(OH)^2},$$

$$C^3H^5(OH)^3 + 2\,CH^3{-}CO^2H = 2\,H^2O + \underset{\text{diacétine}}{C^3H^5(CH^3{-}CO^2)^2(OH)},$$

$$C^3H^5(OH)^3 + 3\,CH^3{-}CO^2H = 3\,H^2O + \underset{\text{triacétine}}{C^3H^5(CH^3{-}CO^2)^3}.$$

De même que l'acide sulfurique est un acide double puisqu'il peut se combiner avec une ou deux molécules de soude caustique pour donner deux sels, le sulfate acide et le sulfate neutre de sodium :

$$SO^4H^2 + NaOH = H^2O + SO^4NaH,$$
$$SO^4H^2 + 2NaOH = 2H^2O + SO^4Na^2,$$

de même *la glycérine est un alcool triple.*

De même que l'éthanol CH^3-CH^2.OH dérive de l'éthane CH^3-CH^3 en remplaçant un H par un OH; de même la glycérine (propanetriol) dérive du propane CH^3-CH^2-CH^3, en remplaçant 3H par 3OH.

Parmi les éthers-sels de la glycérine, il ne faut pas manquer de signaler l'éther nitrique ou trinitrine, appelé communément et improprement, car ce n'est pas un dérivé nitré, la *nitro-glycérine.* On l'obtient en versant, par petites portions, de la glycérine dans un récipient entouré d'eau froide et contenant un mélange d'acides nitrique et sulfurique concentrés.

On a la réaction

$$C^3H^5(OH)^3 + 3NO^3H = 3\,H^2O + C^3H^5(NO^3)^3\ ;$$

on jette le tout dans un grand vase plein d'eau froide pour enlever l'excès d'acides, tandis que la nitroglycérine se rassemble à la partie inférieure.

La nitroglycérine est un liquide incolore, plus lourd que l'eau ($d = 1,6$), huileux qui se solidifie vers 0° et fond vers 8°. Le moindre choc la fait détoner, mais mélangée avec une poudre inerte (sable, brique pilée) elle ne détone plus que par l'explosion d'une capsule de fulminate de mercure, c'est alors la *dynamite.*

La détonation de la glycérine donne naissance à du gaz carbonique, à de la vapeur d'eau, à de l'azote et à de l'oxygène

$$2C^3H^5(NO^3)^3 = 6CO^2 + 5H^2O + 6N + O.$$

Cette décomposition accompagnée d'un grand dégagement de chaleur porte à une température élevée les produits *gazeux* de la réaction. Il se développe alors en vase clos une pression considérable, ce qui explique que la nitroglycérine soit un explosif puissant.

La nitroglycérine est bien un éther nitrique, car les alcalis la saponifient en régénérant la glycérine et en donnant des nitrates.

99. Corps gras. — Les huiles et graisses, animales et végétales, sont caractérisées par un toucher onctueux et par

par la propriété de laisser sur les étoffes et sur le papier des taches d'aspect caractéristique.

Les corps gras sont insolubles dans l'eau, mais solubles dans l'alcool, l'éther, le sulfure de carbone, le tétrachlorure de carbone, les carbures d'hydrogène et enfin plus ou moins solubles dans l'alcool.

Ces matières ne sont pas volatiles et elles se décomposent si on les chauffe trop fort, vers 300° par exemple, en des produits d'odeur désagréable (acroléine).

Les matières grasses naturelles sont tantôt fluides (huiles), tantôt concrètes à la température ordinaire (graisses et suifs), souvent aussi dans un état intermédiaire (beurres) ; mais à 60°, tous les corps gras sont fondus.

Chevreul a établi que les matières grasses naturelles sont des mélanges de *glycérides*, c'est-à-dire des éthers-sels formés par la glycérine avec les divers acides gras ; Berthelot a pu, en combinant la glycérine avec ces mêmes acides gras, reconstituer des composés semblables aux matières grasses naturelles.

Les trois principaux des acides gras sont, nous l'avons vu :

l'*acide oléique* $C^{17}H^{33}-CO^2H$,
l'*acide palmitique* $C^{15}H^{31}-CO^2H$
et l'*acide stéarique* $C^{17}H^{35}-CO^2H$,

auxquels correspondent les trois glycérides fondamentaux :

la *trioléine* $C^3H^5(C^{17}H^{33}-CO^2)^3$,
la *tripalmitine* $C^3H^5(C^{15}H^{31}-CO^2)^3$,
et la *tristéarine* $C^3H^5(C^{17}H^{35}-CO^2)^3$.

L'acide oléique et la trioléine sont liquides à la température ordinaire ; les acides palmitique et stéarique, ainsi que la tripalmitine et la tristéarine sont solides.

La plupart des matières grasses naturelles sont donc formées de trioléine, de tripalmitine et de tristéarine.

La trioléine domine dans les huiles fluides, la tripalmitine et la tristéarine dans les graisses et les suifs.

Les matières grasses naturelles sont d'origine végétale ou animale. Les premières forment dans certaines graines (graines oléagineuses), plus rarement dans certains fruits (olive), des réserves provenant de la transformation des matières sucrées et féculentes. Les secondes se rencontrent dans tout l'organisme animal, mais elles s'accumulent de préférence dans certains tissus (tissus adipeux) et proviennent soit de l'assimilation directe des graisses ingérées, soit de la transformation des matières sucrées et féculentes, ou enfin des matières albuminoïdes.

Les principales huiles animales sont :

1° les huiles marines : huiles de poissons, huiles de foies, (de morue par exemple), huiles de cétacés (de baleine, de marsouin, ...). Ces huiles marines servent notamment en chamoiserie, c'est-à-dire à la préparation de certains cuirs souples ;

2° les huiles de pieds (pieds de bœuf, pieds de mouton) employées surtout comme lubrifiants pour les mécanismes délicats (carrosserie, horlogerie) ;

3° les beurres, dont le plus important est le beurre de vache ;

4° le saindoux ou graisse de la panne du porc ;

5° les suifs, spécialement les suifs de bœuf et de mouton ;

6° les graisses de rebut : graisses d'os, de boyaux, de cuisine, d'abattoirs, de cadavres, de gadoues, etc.

Toutes ces matières ont une grande valeur commerciale.

Les matières grasses végétales sont extrêmement nombreuses. On distingue les huiles végétales fluides et les graisses végétales concrètes. Ces dernières sont toutes d'origine exotique et les plus importantes d'entre elles sont :

l'*huile de palme* que les noirs de l'Afrique Occidentale retirent du fruit charnu du palmier à huile (*elæis guineensis*) ;

l'*huile de palmiste* qui provient de l'amande de ce même fruit ;

l'*huile de coco* qui s'extrait en Europe de l'amande de coco séchée au soleil ou au four (coprah) ;

les *suifs végétaux* de la Chine, de l'Indo-Chine et du Japon.

C'est par centaines de milliers de tonnes et par centaines de millions de francs que se chiffrent les arrivages de ces matières en Europe et notamment à Hambourg, Marseille, Rotterdam, Anvers et Liverpool. Ces matières grasses sont utilisées en savonnerie et en stéarinerie ; en outre l'huile de coco épurée remplace de plus en plus le beurre de vache dans l'alimentation.

Les *graines oléagineuses* ayant une réelle importance industrielle sont extrêmement nombreuses.

Les graines sont d'abord nettoyées et décortiquées au besoin par des machines spéciales puis passées entre des laminoirs et réduites en une pâte que l'on soumet à l'action de la presse pour exprimer l'huile.

On obtient ainsi une huile de première pression qui, le plus souvent, est comestible, et un résidu solide ou tourteau.

Ce tourteau est passé à la meule, additionné d'eau, puis chauffé quelquefois et soumis à une deuxième et parfois à une troisième pressée. Les huiles de seconde et de troisième pression sont de qualité inférieure et réservées aux usages industriels.

Le tourteau final peut servir à la nourriture du bétail (tourteaux alimentaires) ou à la fumure du sol (tourteaux de fumure). Les tourteaux de fumure peuvent être déshuilés, c'est-à-dire que l'on peut au moyen d'un dissolvant volatil, du sulfure de carbone par exemple, leur enlever les 10 % environ d'huile qu'ils retiennent.

Les huiles (dites sulfurées) que l'on retire ainsi sont, après que l'on a chassé le dissolvant volatil, utilisées par l'industrie.

Les principales huiles comestibles sont celles d'olive, de coton, de sésame, d'arachide, d'œillette ou pavot, de noix, de lin, de maïs, etc.

L'huile d'amande douce (en fait les huiles de noyaux de pêche et autres) est employée en pharmacie.

Les applications industrielles des huiles sont extrêmement nombreuses. Les huiles siccatives dont le type est l'huile de lin, servent dans la peinture, pour la fabrication des vernis, des encres grasses et de certains enduits (linoleum) ; elles entrent aussi dans la fabrication des savons mous.

On consommait jadis des quantités considérables d'huiles de seconde qualité, d'huile de colza notamment, pour l'éclairage ; mais on leur préfère aujourd'hui les huiles minérales.

Celles-ci, du moins les huiles lourdes, interviennent encore, concurremment avec les diverses matières grasses naturelles, pour le graissage.

Une huile industrielle très importante aussi est l'huile de ricin ; l'huile épurée est employée en pharmacie.

Mais les deux principales applications des corps gras sont, après l'alimentation, la fabrication des bougies stéariques et des savons.

100. Bougies stéariques. — Elles sont formées par des mélanges d'acides gras concrets, principalement d'acides palmitique et stéarique, additionnés souvent d'une certaine proportion de paraffine.

La stéarinerie recherche donc de préférence les matières grasses concrètes et les dédouble en glycérine et acides gras.

Ainsi la tristéarine sera dédoublée par l'eau d'après l'équation

$$C^3H^5(C^{17}H^{35}\text{-}CO^2)^3 + 3\,H^2O = C^3H^5(OH)^3 + 3\ C^{17}H^{35}\text{-}CO^2H.$$

Ce dédoublement ou *hydrolyse* (c'est-à-dire décomposition par l'eau) des matières grasses peut s'effectuer par la simple action de la vapeur d'eau surchauffée à 200°, donc sous une pression de 15 atmosphères et, bien entendu, dans une chaudière fermée et à parois résistantes, appelée *autoclave*.

On peut aussi *saponifier* les matières grasses par un alcali, par la chaux par exemple, de façon à obtenir de la glycérine et des sels de chaux que l'on décompose ensuite par l'acide sulfurique pour mettre les acides gras en liberté.

Mais outre que la dépense en acide sulfurique n'est pas négligeable, cette masse de sels de chaux serait fort encombrante.

On combine alors les deux procédés précédents en traitant les matières grasses à l'autoclave, à 172° et sous une pression de 8 atmosphères, par 3 °/₀ seulement de chaux sous forme de lait de chaux. Le dédoublement terminé, on sépare les eaux glycérineuses et il reste des acides gras, mélangés d'un savon de chaux que l'on dédouble par la quantité correspondante d'acide sulfurique.

On utilise aussi d'autres agents hydrolysants, l'acide sulfurique par exemple ou mieux certains dérivés organosulfuriques.

Pour purifier les acides gras ainsi obtenus, on les distille par entraînement au moyen d'un courant de vapeur d'eau surchauffée ; puis on les soumet à un refroidissement progressif suivi d'une compression énergique dans des filtres-presses en vue de chasser l'acide oléique.

Les acides concrets sont alors fondus et coulés dans des moules cylindriques dans l'axe desquels on a placé des mèches en coton tressé.

Ces mèches sont imprégnées d'acide borique et d'acide sulfurique : l'acide borique fond à la chaleur de la flamme de la bougie, la mèche se recourbe et l'extrémité vient se consumer à l'extérieur de la flamme et au contact de l'air. De la sorte la bougie ne doit pas fumer. Jadis, au lieu de bougies stéariques, on brûlait des chandelles faites de suif fondu.

101. **Savons.** — Les acides gras et aussi les acides résineux donnent avec les alcalis des sels jouissant de propriétés spéciales et qui entrent, comme éléments essentiels, dans la constitution des savons du commerce.

On appelle savons des substances, qui mises en présence de l'eau agissent comme détersifs, c'est-à-dire enlèvent les saletés fixées aux divers tissus.

Les savons sont généralement solubles dans l'eau ; en se dissolvant ils se décomposent en partie et mettent en liberté de l'alcali libre dont l'action s'ajoute à celle du savon neutre primitif.

Les savons doivent leurs propriétés détersives aux facultés qu'ils possèdent :

1° de mouiller les tissus, ce qui aide à la séparation des saletés;

2° de produire une mousse plus ou moins abondante qui contribue à éloigner les saletés ;

3° d'émulsionner les matières grasses, et c'est là le rôle principal de l'alcali libre ;

4° enfin l'action mécanique du frottement a une grande influence sur le nettoiement, d'où la nécessité pratique de rechercher des savons d'une solubilité et d'une dureté convenables suivant les conditions d'emploi.

La dureté d'un savon dépend de la nature de l'alcali (soude ou potasse) et de la nature des huiles qui entrent dans sa composition.

Les *savons mous* du Nord de la France sont fabriqués avec des lessives de potasse (plus ou moins mêlées de soude et provenant de la caustification, par un lait de chaux, des potasses de suint ou de betteraves) et avec des huiles siccatives ou demi-siccatives de lin, chènevis, œillette, cameline,... ; on peut même, en été, employer des huiles peu ou point siccatives ; colza, navette, coton, olive, qui font « moins mou » que les huiles d'hiver.

On chauffe les huiles à feu nu dans un chaudron avec une lessive caustique à 10°-15° Bé ; l'alcali s'unit aux acides gras libres (car une huile renferme toujours une certaine proportion d'acides gras libres) et donne du savon qui concourt à émulsionner la totalité de l'huile avec la lessive, c'est l'*empâtage*.

Puis l'alcali *saponifie* les glycérides en donnant de la glycérine et des sels de potasse des acides gras ; avec la trioléine, par exemple, on aura la réaction

$$\underset{\text{trioléine}}{C^3H^5(C^{17}H^{33}.CO^2)^3} + 3KOH = \underset{\text{glycérine}}{C^3H^5(OH)^3} + \underset{\text{oléate de potassium}}{3C^{17}H^{33}\text{-}CO^2K}.$$

On prolonge l'ébullition de la masse en ajoutant des lessives fortes jusqu'à ce que la saponification soit complète et que, par évaporation de l'excès d'eau, la pâte soit suffisamment concentrée.

La masse obtenue doit rester homogène par refroidissement ; le savon est blanc, jaune ou noir suivant la qualité de l'huile employée. Les savons mous sont plus solubles que les savons durs ; ils sont aussi plus détersifs et communiquent aux tissus une souplesse très appréciée. On remarquera d'ailleurs que la glycérine reste dans la pâte savonneuse.

Le type des *savons durs* est le savon blanc mousseux de Marseille extra pur, dit à 72 %. Diverses huiles et graisses peuvent, entre certaines limites, concourir à sa préparation. Généralement, dans un grand chaudron chauffé à la vapeur au moyen d'un serpentin, on *empâte* un mélange à parties égales d'huile d'arachide et d'huile de coprah, avec une lessive de soude caustique à 10° Bé et l'on maintient l'ébullition en ajoutant de la lessive plus forte pour achever la *saponification*.

Celle-ci étant à peu près complète, on procède au *relargage* ; à cet effet, on ajoute une lessive fortement salée dans laquelle le savon formé est insoluble ; celui-ci se sépare alors en grumeaux qui viennent nager à la partie supérieure de la masse tandis que la lessive alcalino-salée retient la glycérine.

On soutire la lessive glycérineuse et on soumet le savon à une cuisson prolongée avec des lessives alcalino-salées de plus en plus chargées en alcali ; on débarrasse ainsi le savon des matières étrangères et des matières colorantes ; le savon est alors sous forme d'une pâte à grains serrés, chargée de sels et d'alcali en excès ; il reste à *ouvrir* la pâte, à lui enlever l'excès d'alcali et en même temps à lui incorporer une certaine quantité d'eau.

A cet effet on agite la masse avec des lessives alcalino-salées de plus en plus faibles ; ou bien on l'arrose par des affusions d'eau, jusqu'au moment où le savon commence à se dissoudre dans la lessive, formant ce que l'on appelle le *gras*. A ce moment la *liquidation* est bien près d'être terminée ; si on la poussait trop loin, le savon tout entier passerait dans le gras et *envisquerait* la lessive.

Quand la *liquidation* est terminée et que la pâte complètement ouverte est en équilibre avec le gras, le savon et la lessive ont des compositions bien déterminées et qui ne peuvent varier qu'entre des limites assez étroites.

Le savon coprah-arachide levé sur gras renferme environ 28 °/₀ d'eau et un très léger excès d'alcali et de sels minéraux.

La liquidation terminée, on couvre la chaudière pour laisser la pâte se séparer du gras ; puis on coule le savon dans des *mises* formées de cadres en bois dont le fond est recouvert de fortes feuilles de papier.

Là, le savon se refroidit et se prend en masse ; le grain continue cependant à séparer de la lessive qui reste emprisonnée entre les grains de savon ; il se produit donc une marbrure ; mais cette marbrure est invisible dans les savons unicolores.

Au contraire dans les anciens savons marbrés bleus, les sels de fer ajoutés à la pâte donnaient une marbrure colorée.

La dureté du savon dépend de la nature des huiles employées ; les huiles siccatives donneraient un savon mou ; les matières grasses concrètes rendent le savon dur et cassant ; on le corrige alors par l'addition de 2 ou 3 °/₀ de colophane.

Les savons franchement résineux sont jaunes et mous, ils conviennent seuls pour le lavage au moyen d'eaux saumâtres.

Les sels alcalins des acides gras étant seuls solubles dans l'eau (dans des limites de température déterminées), les eaux calcaires et séléniteuses, c'est-à-dire riches en sels de chaux, sont impropres au savonnage, parce qu'elles donnent des grumeaux de savons de chaux insolubles.

HYDRATES DE CARBONE

102. On donne le nom d'hydrates de carbone à une série très nombreuse de composés ternaires formés de carbone, d'hydrogène et d'oxygène, ces deux derniers éléments y étant contenus précisément dans la même proportion relative que dans l'eau ; ainsi le sucre ordinaire $C^{12}H^{22}O^{11}$ est un hydrate de carbone.

Mais l'acide acétique $C^2H^4O^2$, bien que remplissant la condition ci-dessus, n'appartient pas à la série dite des hydrates de carbone. On voit donc qu'il ne faut attacher à cette dénomination consacrée par l'usage ni une portée générale ni une signification théorique.

Les principaux hydrates de carbone sont :

1° les celluloses, les matières amylacées ou féculentes, et les dextrines représentées par des formules telles que $(C^6H^{10}O^5)^n$, n étant un nombre inconnu mais assez grand et qui va très probablement en décroissant des celluloses aux matières amylacées et aux dextrines ;

2° les matières sucrées qui sont représentées les unes par la formule $C^{12}H^{22}O^{11}$ (saccharose et maltose), les autres par la formule $C^6H^{12}O^6$ (glucose et lévulose).

On voit donc que les matières cellulosiques ou féculentes pour se transformer en matières sucrées devront se dédoubler en fixant de l'eau (hydrolyse), de même le maltose et le saccharose pour donner du glucose et du lévulose.

103. **Cellulose :** $(C^6H^{10}O^5)^n$. — La cellulose est l'élément fondamental des parois des *cellules végétales*, elle contribue à leur donner de la rigidité. Les variétés de cellulose ont des propriétés physiques et mécaniques très différentes : tantôt elles sont dures comme l'ivoire végétal de la noix de corozo, tantôt elles sont molles et légères comme la moelle de sureau. Souvent la cellulose conserve un reste d'organisation, telles les fibres de chanvre ou de coton.

La cellulose est insoluble dans tous les réactifs usuels ; on obtiendra donc la cellulose pure en traitant un tissu végétal (chiffon, bois de sapin, bois de peuplier, etc.) successivement par une série de réactifs : soude étendue, acide acétique, eau de chlore, etc. ; on terminera par un lavage à l'eau.

La cellulose se dissout cependant dans la liqueur de Schweitzer (71) en donnant une sorte de colle qui, traitée par un acide, abandonne à nouveau la cellulose.

Le papier à filtres pour analyses est le type de la *cellulose pure*, matière blanche et molle, dont la densité varie de 1,2 à 1,5. Chauffée, la cellulose se décompose avant de fondre ou de se volatiliser. Ses propriétés chimiques sont peu nettes ; cependant elles permettent de rapprocher la cellulose des alcools.

La cellulose étant un alcool donne en effet des éthers, des éthers acétiques notamment, solubles dans certains réactifs et saponifiables. L'acide azotique fumant ou le mélange d'acides azotique et sulfurique donne avec la cellulose une série de dérivés nitrés, ce sont les pyroxyles ou coton-poudre et le fulmi-coton.

Les termes les moins nitrés sont solubles dans le mélange d'éther et d'alcool, on obtient une sorte de colle, le *collodion*, qui servait autrefois en photographie pour la fabrication des plaques sensibles. Le collodion entre aujourd'hui dans la préparation de la *soie artificielle* de Chardonnet ; trituré avec du *camphre* il donne, après qu'on a chassé l'alcool, le *celluloïd*. A froid le celluloïd peut être tourné et poli, mais vers 50° il se ramollit ; on peut alors lui incorporer des matières colorantes ou des poudres lourdes (sulfate de baryte) et imiter ainsi l'ambre, la corne, l'écaille, l'ivoire, etc..

Le celluloïd, comme tous les dérivés nitrés, est très inflammable et même explosif.

Les celluloses plus fortement nitrées (coton-poudre proprement dit) sont solubles dans l'alcool amylique et dans l'acétone. On obtient par évaporation de ces dissolutions, des pellicules qui constituent précisément les poudres sans fumée.

La cellulose chauffée avec de l'acide azotique donne de l'acide oxalique.

Une feuille de papier non collé, trempée un instant dans de l'acide sulfurique étendu d'un demi-volume d'eau et froid, puis lavée à grande eau et séchée, donne du papier parchemin ou parchemin végétal ; si on laissait l'action se prolonger on n'aurait plus qu'une colle soluble et finalement la cellulose donnerait des glucoses (105) (sucre de chiffons).

104. Amidon : $(C^6H^{10}O^5)^n$. — L'amidon a même formule que la cellulose sauf qu'ici *n* est probablement moins élevé.

Fig. 104. — Grains d'amidon.

A, fécule de pomme de terre.
B, amidon de maïs,
C, amidon de froment.

L'amidon doit être un produit de dédoublement de la cellulose, aussi a-t-il des caractères chimiques déjà plus marqués.

L'amidon se rencontre chez la plupart des végétaux, où il forme des réserves, en particulier dans les graines des céréales et les tubercules de la pomme de terre. Les cellules, examinées au microscope, paraissent remplies de petits granules dont le diamètre varie suivant le végétal depuis 2µ (deux millièmes de millimètre) dans l'amidon du riz jusqu'à 185 µ dans l'amidon de pomme de terre ou *fécule*. Ces grains, formés au sein de la cellule par des condensations successives de matières sucrées en voie de transformation, montrent nettement des couches superposées et disposées régulièrement autour d'une dépression appelée le *hile*.

L'amidon peut s'obtenir de la façon suivante : avec de la farine de froment et de l'eau on fait une pâte, une boulette que l'on malaxe sous un filet d'eau et au-dessus d'un tamis ; l'eau entraîne l'amidon qui se dépose dans un cristallisoir placé en dessous tandis qu'il reste sur le tamis une substance jaunâtre, élastique et molle : c'est le *gluten*, matière azotée, qui sert à fabriquer les pâtes alimentaires. Comme l'amidon entraîne toujours des impuretés (matières pectiques visqueuses ou reste de gluten) on l'abandonne à la putréfaction, l'amidon étant imputrescible.

L'amidon est ensuite égoutté, puis séché à l'étuve ; il forme une masse blanche et fendillée, c'est l'*amidon en aiguilles*. Dans les amidonneries, l'amidon s'obtient en partant des farines avariées.

Pour avoir la *fécule* de pomme de terre, on râpe les tubercules dans un courant d'eau, les membranes cellulaires restent sur la râpe, l'eau entraîne la fécule.

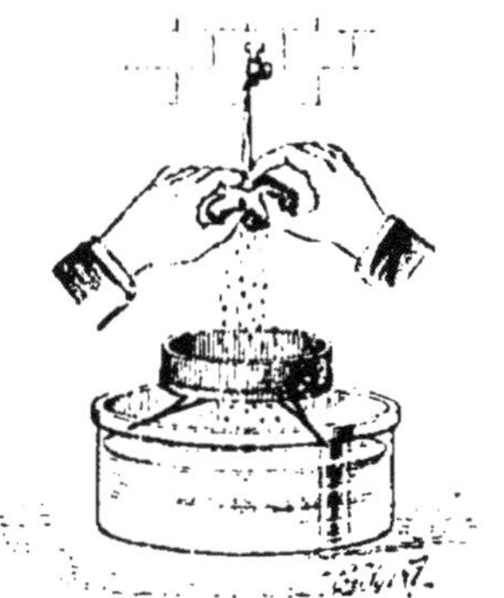

Fig. 105. — Extraction de l'amidon.

L'amidon se présente sous forme d'une poudre blanche, inodore, insipide, plus ou moins rugueuse au toucher suivant la grosseur du grain.

L'amidon n'est pas une espèce chimique définie et unique, c'est un mélange de quatre parties environ d'amidon proprement dit (amyloses) et d'une partie d'amylopectine.

Les amyloses sont entièrement solubles dans l'eau surchauffée ; la solution se colore en bleu par la moindre trace d'iode. L'amylopectine n'est pas soluble, mais elle gonfle au contact de l'eau chaude.

Par conséquent si on traite par de l'eau chaude les grains d'amidon naturel, ceux-ci vont gonfler, s'exfolier et former une sorte de colle, une solution d'amyloses gélifiée par de l'amylopectine.

C'est cette matière que l'on appelle l'*empois d'amidon*.

Mais, au bout d'un temps plus ou moins long, l'empois laissera déposer à l'état insoluble les amyloses les plus condensés qui ne se redissoudront plus que dans de l'eau surchauffée à 150°.

L'amidon ne peut pas fermenter directement sous l'influence de la levure de bière ; mais il existe dans le *malt* ou orge germé, une *diastase* ou ferment soluble, la *maltase*, qui transforme les amyloses en une matière sucrée le *maltose*. Celui-ci, sous l'action de la levure de bière, donnera de l'alcool (voir plus loin).

De même, comme on va le voir, l'amidon traité par les acides étendus à l'ébullition se transforme en glucose qui peut ensuite par fermentation donner de l'alcool.

Voilà pourquoi toutes les matières amylacées : le riz, l'orge, la farine de blé avariée et surtout la pomme de terre sont les matières premières de la fabrication des alcools d'industrie.

Les végétaux contiennent des diastases ou ferments solubles qui peuvent provoquer, tout d'abord, à de certaines époques, la transformation des matières sucrées solubles en amidon insoluble, puis, plus tard et inversement, le dédoublement de l'amidon par fixation d'eau (hydrolyse) en matières sucrées solubles. C'est là le mécanisme de la formation des réserves d'une part et de leur utilisation ultérieure d'autre part au moment de la germination, par exemple.

De même on trouve dans le foie une matière amylacée, le *glycogène* ou amidon animal, qui constitue pour le sang une réserve de glucose. C'est Claude Bernard qui a établi, comme on sait, la fonction glycogénique du foie. Le glycogène s'obtient en épuisant un foie coupé en morceaux avec de l'eau bouillante, filtrant, laissant refroidir et ajoutant un égal volume d'alcool. Le glycogène est en effet, comme l'empois d'amidon, précipité par l'alcool.

C'est une poudre amorphe, dont l'empois se colore en rouge par l'iode. Les acides étendus et bouillants le transforment en glucose par fixation d'eau.

105. Glucose ou sucre de raisin : $C^6H^{12}O^6$. — Le glucose se trouve dans tous les fruits et en particulier dans le

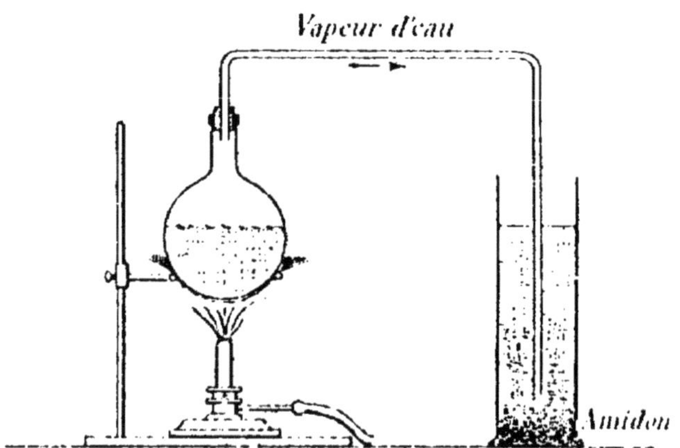

Fig. 106. — Préparation du glucose.

raisin; le miel en renferme 50 °/₀; il y en a aussi dans le foie, dans le sang et dans l'urine des diabétiques.

On l'obtient en grand aujourd'hui, en traitant l'amidon par de l'eau additionnée de 1 °/₀ d'acide sulfurique et portée au voisinage de 100°. Dans les laboratoires le mélange d'empois et d'acide est placé dans un récipient dans lequel un tube recourbé amène de la vapeur d'eau. Dans l'industrie, l'opération s'effectue dans des cuviers en bois ou dans des autoclaves chauffés à la vapeur. De temps en temps on prend un peu de liquide, on refroidit et on ajoute de l'eau iodée ; lorsque celle-ci ne teinte plus en bleu la liqueur c'est que tout l'amidon est transformé en glucose :

$$(C^6H^{10}O^5)^n + nH^2O = nC^6H^{12}O^6.$$

On peut encore suivre la transformation, en ajoutant à la liqueur son volume d'alcool ; l'amidon se précipite ainsi que la *dextrine* [1], tan .s q. .) le glucose reste en solution.

La transformation terminée, on précipite l'acide sulfurique par de la craie, on filtre, on clarifie au noir animal et on cuit le sirop obtenu de manière à le concentrer et à obtenir le glucose soit en un sirop extrêmement épais, le *glucose impondérable*, soit en un solide compact, le *massé de glucose*, soit enfin le *glucose cristallisé*.

Le glucose est très soluble dans l'eau avec laquelle il forme des sirops épais ; il est moins soluble dans l'alcool, d'où il cristallise, par refroidissement de la solution chaude, en petits mamelons blancs, $C^6H^{12}O^6.H^2O$ qui fondent à 86° et perdent à 110° l'eau de cristallisation. Chauffé plus fort, le glucose s'épaissit, donne du glucosane $C^6H^{10}O^5$ puis du caramel et finalement, au rouge, du charbon.

Le glucose $CH^2(OH).[CH.OH]^4.CHO$ est un alcool, il est cinq fois alcool car il donne avec les acides cinq séries d'éthers-sels suivant que une, deux, trois, quatre ou cinq molécules d'un acide réagissent sur une molécule de glucose,

---

[1] Les *dextrines* sont des matières intermédiaires entre l'amidon et les sucres. Elles sont solubles dans l'eau et forment des *colles* qui colorent l'iode en rouge vineux, elles servent à l'apprêt et à l'encollage de étoffes, comme épaississants en teinture, et en confiserie. Elle· prennent naissance dans la préparation du glucose, comme produits de transition. On obtient la dextrine en séchant progressivement jusqu'à 120° un mélange de fécule (1000 p.), d'eau (300 p.) et d'acide nitrique (2 p.). La fécule grillée est un substitut des gommes naturelles, de la gomme arabique notamment, et des mucilages.

avec élimination d'un nombre égal de molécules d'eau. La molécule de glucose renferme cinq oxhydryles (OH).

Le glucose donne aussi des produits de condensation, par perte d'eau, avec d'autres alcools (éthers-oxydes), des aldéhydes ou d'autres corps. Ces dérivés du glucose s'appellent les *glucosides* (¹).

Le glucose donne avec les alcalis, avec la chaux par exemple, des alcoolates que l'on appelle des glucosates. On distingue tout de suite un sirop de glucose d'un sirop de sucre en le laissant bouillir avec un peu de potasse, le glucosate de potassium brunit aussitôt.

Le glucose est un alcool ; c'est de plus un aldéhyde (sa molécule renferme le groupement fonctionnel des aldéhydes — CHO) (93) et comme tel un *réducteur*. Le glucose réduit à chaud *l'azotate d'argent ammoniacal* (72) et donne un dépôt miroitant d'argent métallique ; on argente ainsi le verre ; il réduit également la *liqueur de Fehling* (71) et en précipite l'oxydule de cuivre Cu^2O. Cette réaction est utilisée pour caractériser la présence du glucose dans l'urine des diabétiques.

Enfin le glucose fermente sous l'influence de la levure de bière et donne de l'alcool, comme nous le montrerons un peu plus loin (108).

Le glucose a un pouvoir sucrant (environ les trois cinquièmes du sucre ordinaire) qui le fait employer à la fabrication des sirops et des confitures. Il sert à enrichir les liqueurs fermentescibles, en vue de la fabrication du vin et de la

(¹) Les *glucosides* sont très répandus dans le règne végétal, L'*amygdaline* se trouve dans le tourteau d'amande amère. Celui-ci traité par l'eau à 30°, sous l'influence d'une diastase, qu'il renferme toujours, l'*émulsine*, fixe de l'eau et se dédouble en glucose, acide cyanhydrique et essence d'amande amère :

$$C^{20}H^{27}NO^{11} + 2\ H^2O = \underset{\text{essence d'amande amère}}{C^7H^6O} + \underset{\text{acide cyanhydrique}}{CNH} + 2\ C^6H^{12}O^6.$$

On pourrait aussi produire ce dédoublement par l'action d'un acide étendu et bouillant.

L'amygdaline forme des lamelles brillantes solubles dans l'eau et dans l'alcool bouillant. L'acide cyanhydrique est un poison violent et qui rend vénéneuses les amandes amères ; nous l'étudierons plus tard (programme de Mathématiques), ainsi que l'essence d'amande amère.

bière. Mais si le glucose est fabriqué avec de l'acide sulfurique contenant, comme c'est souvent le cas, de l'arsenic, la consommation de ce produit est alors très dangereuse. Le glucose intervient surtout dans la fabrication des alcools d'industrie. On l'emploie aussi, concurremment avec la dextrine, comme épaississant.

106. Saccharose : $C^{12}H^{22}O^{11}$. — Le sucre de canne ou de betterave que les chimistes appellent le saccharose est un solide blanc ; il cristallise en prismes durs et cassants (sucre candi) ; il est très soluble dans l'eau, surtout dans l'eau chaude avec laquelle il donne des sirops ; il est beaucoup moins soluble dans l'alcool. Chauffé, il fond vers 160° et se prend par refroidissement en une masse transparente, le *sucre d'orge*, qui cristallise à la longue et devient opaque. A une température un peu plus élevée, le sucre perd de l'eau, donne un mélange de glucose $C^6H^{12}O^6$ et de lévulosane $C^6H^{10}O^5$ puis, si on prolonge l'action, il brunit et s'épaissit par suite d'une transformation plus profonde et devient du *caramel* ; enfin au rouge il reste un résidu de charbon de sucre (77).

Le sucre exposé à l'air perd de l'eau et se recouvre peu à peu d'une poudre blanche, farineuse, insoluble, analogue à l'amidon. Le saccharose se rattache en effet aux matières amylacées par condensation et au glucose par dédoublement.

Le sucre ne fermente pas directement sous l'influence de la levure de bière, mais celle-ci sécrète une diastase qui dédouble le saccharose en glucose et en lévulose par fixation d'une molécule d'eau :

$$C^{12}H^{22}O^{11} + H^2O = \underset{\text{glucose}}{C^6H^{12}O^6} + \underset{\text{lévulose}}{C^6H^{12}O^6}.$$

Le même phénomène, appelé *interversion du sucre* [1], se

---

[1] On verra plus tard en physique (programme de la classe de Mathématiques) qu'il existe des faisceaux lumineux dont les propriétés ne sont pas les mêmes dans tous les azimuths ; ils n'éprouvent pas le même affaiblissement de l'intensité lumineuse lorsqu'ils tombent sur une pile de glaces placée dans la position 1 ou dans la position 2 (*fig.* 107). On dit que ces faisceaux sont polarisés. Mais les propriétés se reproduisent symétriquement par rapport à un certain azimuth que l'on appelle le *plan de polarisation*. Si le faisceau lumineux a traversé une solution de glucose, de saccharose, de dextrine ou d'empois d'amidon, on constate que le plan de polarisation *a tourné d'un certain angle* vers la droite, pour

produit par une ébullition, maintenue pendant quelques minutes, de l'eau sucrée avec quelques gouttes d'acide sulfurique.

La liqueur obtenue réduit maintenant la liqueur de Fehling et l'azotate d'argent ammoniacal. *Ainsi le saccharose n'est ni réducteur, ni fermentescible ; il doit être dédoublé au préalable en glucose et lévulose.*

La liqueur intervertie est ensuite traitée par la chaux pour précipiter l'acide sulfurique ; il reste en solution du glucosate et du lévulosate de calcium. On les séparera par concentration, le lévulosate étant peu soluble dans l'eau froide.

Ainsi le saccharose provient de la *condensation* de deux molécules, une de glucose et une de lévulose, en donnant une molécule de saccharose et une molécule d'eau.

Si le saccharose n'a pas conservé les propriétés réductrices du glucose, le saccharose est du moins un alcool qui donne avec les acides des éthers-sels et avec les alcalis des composés appelés saccharates. *La chaux se dissout abondamment* dans l'eau sucrée, mais le gaz carbonique en précipite du carbonate de calcium. Ces combinaisons du sucre avec les bases alcalino-terreuses sont intéressantes à cause de leur utilisation dans l'industrie sucrière.

Le *lactose*, ou sucre de lait $C^{12}H^{22}O^{11}.H^{2}O$, et le *maltose*, ou sucre du malt sont analogues au saccharose. Ils provien-

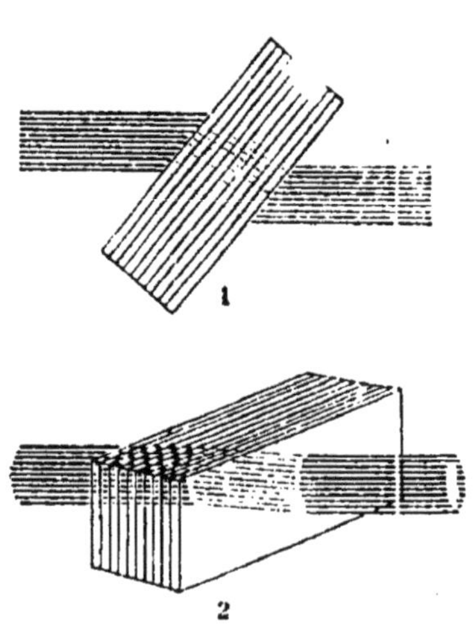

Fig. 107.

l'observateur qui reçoit le rayon. Les substances précédentes sont dites *dextrogyres*. Les solutions de lévulose, sont au contraire *lévogyres*, et comme le lévulose est plus lévogyre que le glucose n'est dextrogyre, de l'eau sucrée dextrogyre devient lévogyre après *interversion*. C'est là le sens du mot interversion.

Mentionnons en outre que le *lévulose* ou *fructose* est un sucre qui se rencontre dans la plupart des fruits sucrés et acides ; il est moins réducteur que le glucose et il fermente plus difficilement.

nent : le lactose de la condensation d'une molécule de glucose avec une molécule de *galactose* ($C^6H^{12}O^6$), le maltose de la condensation de deux molécules de glucose, toujours bien entendu avec élimination d'eau. La diastase du *malt* (orge germé) tranforme l'amidon de l'orge en maltose qui peut ensuite *fermenter directement* par la levure de bière et donner de *l'alcool* ; c'est le principe de la fabrication de la bière.

107. Industrie du sucre. — Le sucre s'extrait de la *canne à sucre* et de la *betterave*. La production mondiale atteint dix millions de tonnes par an.

La betterave découpée en petites lanières de 2mm d'épaisseur (cossettes) est traitée par de l'eau chaude ; celle-ci agit à travers les membranes cellulaires et dissout le sucre et les sels minéraux et aussi en même temps quelques substances azotées. C'est le phénomène de la diffusion. Le lavage se fait méthodiquement c'est-à-dire que l'on épuise les cossettes avec de l'eau neuve, et que l'on sature le jus avec des cossettes neuves.

Le sirop est alors traité par la chaux à 90° ; ainsi on coagule les matières azotées (défécation) puis comme le sucre a dissous de la chaux, on décompose le saccharate par du gaz carbonique (carbonatation), on décante et on filtre.

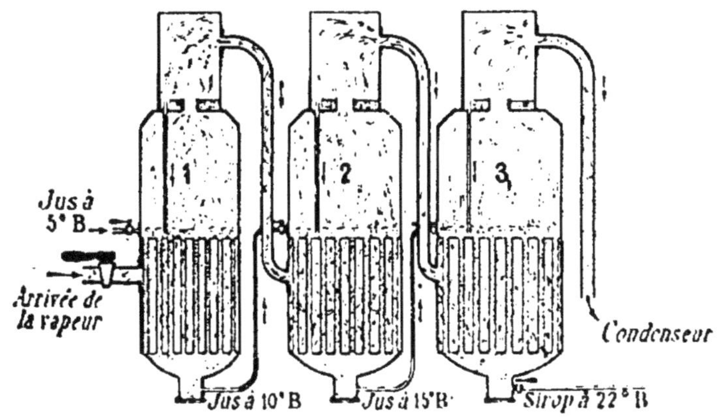

Fig. 108. — Appareil à triple effet.

On concentre ensuite le sirop par évaporation, non pas à l'air car il faudrait chauffer trop fort et on ferait du caramel, mais sous pression réduite dans trois chaudières tubulaires en fonte chauffées à la vapeur. A mesure que le sirop se condense, il faut *abaisser* la température et par suite diminuer la pression. Le sirop passe successivement dans la première chaudière (96°-650mm), puis dans la deuxième (82°-380mm) et enfin dans la troisième (54°-110mm). Le sirop marque à la sortie 22° Bé ; on le filtre à nouveau et on procède à la *cuite en grains* dans une grande chaudière en fonte chauffée à la vapeur et vide d'air. Par refroidissement, le sirop amené à 40° Bé, cristallise. La masse est alors portée dans une sorte de panier en toile métallique ou *tambour*, tournant autour d'un axe vertical à 1200 tours à la minute, le sirop est chassé par la force centrifuge et recueilli dans une cuvette qui entoure le tambour (essorage), on lave les cristaux restés dans le panier avec un peu d'eau sucrée, on essore à nouveau et on a ainsi le *sucre de premier jet* qui est blanc ; une deuxième cuisson du sirop et un nouvel essorage donneront les sucres de deuxième jet, puis de troisième jet, qui sont roux.

Il reste finalement des *mélasses* brunes et visqueuses renfermant toutes sortes d'impuretés. On peut les soumettre à la *fermentation*, puis les *distiller* pour obtenir l'alcool, il reste alors des *vinasses*. Celles-ci contiennent une matière azotée, la bétaïne ; chauffées à 300° elles donnent, en présence d'acide chlorhydrique, du *chlorure de méthyle* et du sel ammoniac. Il reste finalement un résidu charbonneux, le *salin de betteraves*, d'où l'on extrait des sels de potassium.

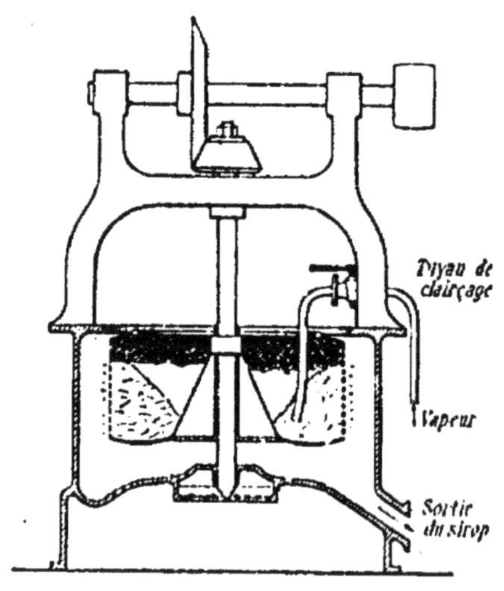

Fig. 109. — Essoreuse.

Raffinage du sucre. — Le sucre brut renferme des impuretés. Pour le raffiner on le dissout dans son poids d'eau chaude, on y ajoute un peu de lait de chaux, de noir animal et de sang de bœuf. Ce dernier se coagule et entraîne les impuretés, on filtre, on décolore sur du noir animal, puis on cuit le sirop et on le coule dans des *formes* coniques où il cristallise. On aspire ensuite le jus par la pointe des formes et on claire les cristaux avec des sirops de sucre pur. On lave ainsi le sucre et, comme le sirop continue à cristalliser, on donne de la cohésion au pain de sucre. Le sucre est donc constitué par un enchevêtrement de petits cristaux.

108. Fermentation alcoolique. — Si on introduit dans un flacon une *solution tiède de glucose* additionnée de *levure de bière*, on voit bientôt la masse bouillonner en dégageant du gaz carbonique que l'on peut recueillir et caractériser ; on dit que le jus sucré *fermente*, le glucose disparaît et donne de l'alcool ; on a la réaction (Gay-Lussac)

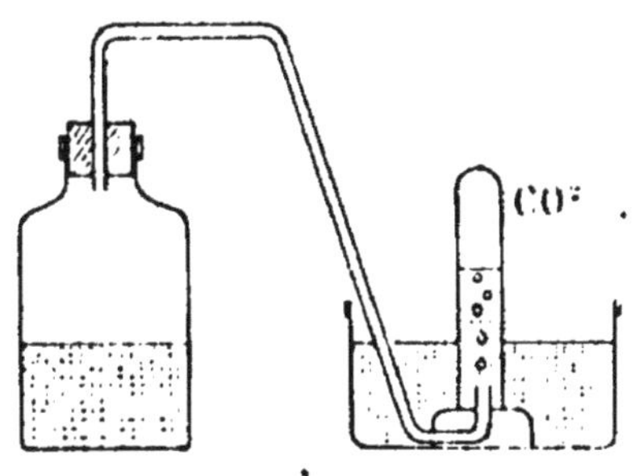

Fig. 110. — Fermentation alcoolique.

$$C^6H^{12}O^6 = 2\ C^2H^6O + 2\ CO^2.$$

En même temps il se forme des produits secondaires : notamment de petites quantités d'acide succinique et de glycérine.

La *levure* examinée au microscope est en forme de cellules ovoïdes qui se multiplient par bourgeonnement aux dépens du glucose et des matières azotées et phosphatées que le milieu doit contenir. A défaut de ces substances, les jeunes cellules se nourrissent des cellules mortes. La fermentation doit se produire en vase clos (*fermentation anaérobie*) de façon que la cellule, privée d'air, emprunte au milieu sucré les éléments nécessaires à son développement.

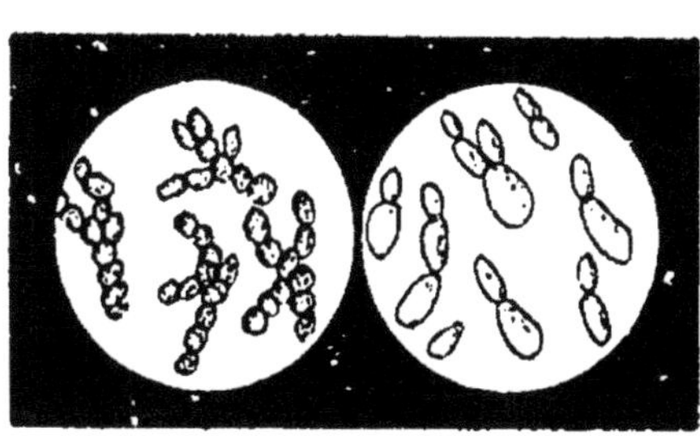

Fig. 111. — Cellules de levure de bière.

La fermentation acétique exige au contraire la présence de l'air, c'est une *fermentation aérobie*. Toute fermentation est corrélative de la vie et du développement d'un ferment (Pasteur).

Parfois, certaines fermentations paraissent se produire spontanément ; ainsi le moût de raisin se transforme en vin sans qu'il soit nécessaire d'ensemencer le liquide sucré ; en réalité les ferments, les germes, se trouvent sur le grain de raisin avant la vendange. De même le vin abandonné à l'air aigrit à la longue, parce que des germes de *mycoderma aceti* sont apportés à la surface soit par les poussières de l'air soit par des insectes.

Vin. — Le *moût de raisin* abandonné dans une cuve ne tarde pas à bouillonner et à dégager du gaz carbonique. Puis la fermentation se calme, le *chapeau*, qui est formé par la pulpe du fruit et le ligneux de la grappe soulevés par le dégagement de gaz carbonique, s'affaisse, la température baisse et on peut alors soutirer le *vin*. Ce dernier a perdu le goût sucré du moût primitif et contient de 5 à 20 % *d'alcool éthylique.*

La fermentation consiste donc dans la transformation du glucose ou sucre de raisin en alcool et gaz carbonique. Bien entendu, cette réaction principale est accompagnée de réactions secondaires dues à la complexité du milieu; le vin doit en effet ses qualités à de nombreux principes : tanin, tartrates, éthers qui existent dans le moût et se transforment soit pendant, soit après la fermentation.

De même les *jus sucrés de poire et de pomme* soumis à la fermentation donnent du *poiré* et du *cidre* moins riches en alcool que le vin.

Bière. — Les *grains d'orge* lavés et encore humides abandonnés dans des caves ou germoirs à 15-18°, ne tardent pas à germer et cette germination développe la formation d'une diastase, la *maltase*. Au bout de quelques jours, quand le germe est bien développé, on interrompt la germination en desséchant les grains dans une étuve à 60°, puis on les tamise pour séparer les *radicelles*, on les concasse et on a le *malt*.

Dans la suite, le malt sera traité par de l'eau chaude à 80° et *brassé* énergiquement. La maltase dédouble *l'amidon* de l'orge en dextrines puis en maltose, il se forme un *moût de bière*. Le malt épuisé ou *drèche* sert à la nourriture du bétail. Le *moût* est ensuite *aromatisé* par ébullition avec des fleurs de *houblon* puis refroidi *très rapidement* et clarifié. On l'introduit alors dans une grande cuve à l'abri des germes en suspension dans l'air qui pourraient altérer la bière par des fermentations ultérieures de natures diverses, et on y ajoute de la *levure de bière pure* provenant d'une opération précédente. Bientôt celle-ci se développe et la *fermentation* s'établit, transformant le *maltose* en *alcool*. Suivant la variété de levure et la température on obtient soit les bières hautes (à 20°) soit les bières basses (à 4°). Dans les bières hautes la levure se développe à la surface, tandis que dans la fermentation basse, elle forme un dépôt.

La bière est ensuite placée dans des tonneaux où la fermentation se continue longtemps encore.

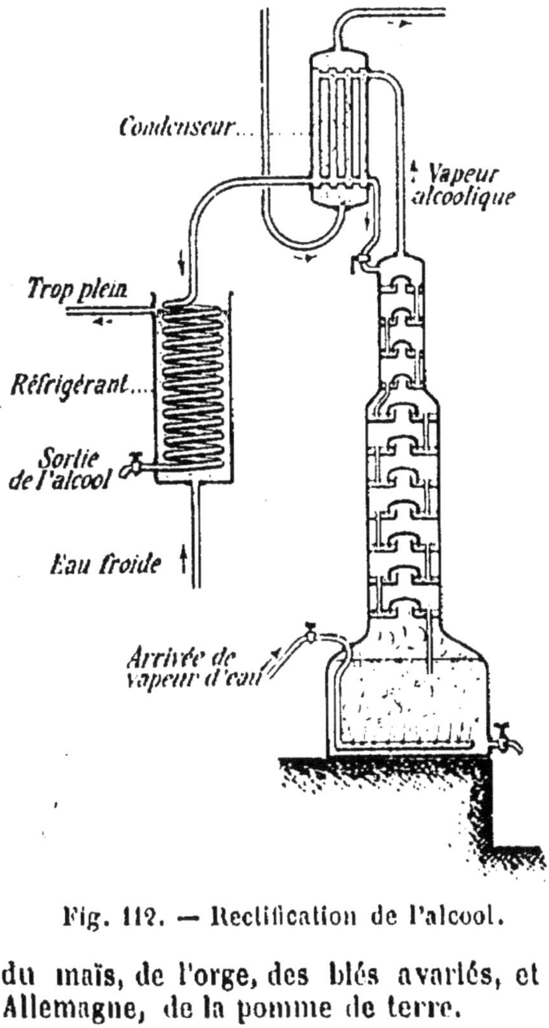

Fig. 112. — Rectification de l'alcool.

Industrie de l'alcool. — Les boissons fermentées soumises à la distillation donnent des eaux-de-vie, puis, par rectification de celles-ci, de l'alcool. En réalité l'alcool se fabrique aujourd'hui industriellement et dans un grand état de pureté en partant des *matières amylacées* du seigle, du maïs, de l'orge, des blés avariés, et principalement en Allemagne, de la pomme de terre.

L'amidon est transformé en glucose comme il a été dit plus haut (saccharification) (105), puis les jus sucrés sont soumis à la fermentation alcoolique et enfin distillés. A cet effet on fait arriver les *flegmes* à la partie supérieure d'une colonne à plateaux, analogue à celle de l'appareil Coupier. Par en bas arrive de la vapeur d'eau surchauffée, on règle la marche de façon que le liquide sorte au bas de la colonne, épuisé d'alcool, tandis que par le haut s'échappe de l'alcool à 50°. On le condense dans un serpentin et on utilise la chaleur dégagée pour réchauffer les flegmes.

On *rectifie* ensuite en distillant dans une grande chaudière en cuivre chauffée par un serpentin à vapeur d'eau surchauffée, et surmontée d'une colonne à plateaux. La vapeur qui s'échappe à la partie supérieure est conduite à un *condenseur* imparfaitement refroidi ; de la sorte les trois quarts environ de la vapeur s'y condensent et sont ramenés aux plateaux. On obtient ainsi la séparation non seulement de l'eau et de l'alcool (qui marque 95°) mais encore des produits étrangers et nocifs. Ceux-ci s'accumulent soit dans les premières portions (alcools de tête), soit dans les dernières (alcools de queue), avec dans l'intervalle 80 % d'alcool bon goût, c'est-à-dire parfaitement pur de tout produit dangereux (alcools supérieurs, aldéhydes, acides, éthers, matières azotées).

PHÉNOL. — ACIDE PICRIQUE

109. Les goudrons de houille, nous l'avons déjà dit, renferment des produits oxygénés, notamment des *phénols* dont le plus simple est le *phénol* ordinaire ou *acide phénique* $C^6H^5.OH$.

On le sépare des *huiles moyennes* en traitant celles-ci par une lessive concentrée de soude, qui dissout le phénol à l'état de *phénate de sodium* :

$$C^6H^5.OH + NaOH = C^6H^5.ONa + H^2O.$$

On décante la solution de phénate, on la concentre, on régénère le phénol au moyen d'acide sulfurique, on décante de nouveau la couche de phénol qui surnage, on sèche sur du chlorure de calcium et on rectifie.

Le phénol bout à 182°, il se prend en masse par refroidissement et, après avoir été purifié par cristallisation, il ne fond plus qu'à 42°. Le phénol absolu doit être conservé en flacons bien bouchés car il est très hygrométrique, celui du commerce est souvent liquide dès la température ordinaire [1].

Le phénol a une odeur caractéristique, une saveur brûlante, il est soluble dans l'alcool en toutes proportions et dans vingt fois son poids d'eau. L'eau phéniquée (à 2 °/₀) est, comme tous les phénols d'ailleurs, un *antiseptique* ; mais le phénol est irritant, caustique et même toxique, on l'emploie plutôt aujourd'hui comme *désinfectant*.

Le phénol n'est pas un alcool mais il a des propriétés qui rappellent celles des alcools. Le phénol, $C^6H^5.OH$, dérive du benzène C^6H^6, en remplaçant un hydrogène par un oxhydryle, tout comme l'éthanol $C^2H^5.OH$ dérive de l'éthane C^2H^6.

On passe du benzène au phénol en soumettant le carbure additionné d'un peu d'iode à l'action du chlore ; on a un produit de substitution, le benzène monochloré ou chlorure de phényle :

$$C^6H^6 + 2\,Cl = HCl + C^6H^5Cl.$$

Le chlorure de phényle, comme le benzène, et à la différence du chlorure d'éthyle, est remarquable par sa résistance aux agents chimiques, à l'action de la potasse en particulier.

Il faut chauffer le chlorure de phényle avec de la potasse solide, à 300° et en tube scellé bien entendu (le chlorure bout à 132°), pour le *saponifier* et obtenir du phénol et du chlorure de potassium :

$$C^6H^5Cl + KOH = C^6H^5.OH + KCl,$$

tout comme avec le chlorure d'éthyle on aurait de l'alcool. Le phénol, comme l'alcool, donne des éthers-sels avec les divers acides, mais ces éthers ne se forment pas directement ; il faut faire agir le phénol sur les anhydrides (ou les chlorures) d'acides.

Le phénol donne avec la soude caustique ou le sodium, un phénate de sodium analogue aux alcoolates mais beaucoup plus stable en présence de l'eau, puisqu'il se forme

---

[1] Le phénol pur des pharmacies est maintenu liquide par une petite proportion d'alcool.

par l'action de la soude concentrée, c'est-à-dire suivant l'équation

$$C^6H^5.OH + NaOH = C^6H^6.ONa + H^2O,$$

tandis que l'alcoolate de sodium s'obtient en partant du sodium :

$$C^2H^5.OH + Na = C^2H^5.ONa + H.$$

Cependant un excès d'eau bouillante dédouble le phénate en soude caustique et phénol qui surnage. Le phénol n'est donc pas un véritable acide, bien qu'on l'appelle l'acide phénique; il est sans action sur les indicateurs colorés et les carbonates.

Enfin le phénol ne donne pas d'acides par oxydation à la différence des *alcools primaires* (93).

Le phénol présente, comme tous les dérivés benzéniques, une résistance remarquable aux agents chimiques. L'acide azotique fumant agit à froid comme sur le benzène et donne de véritables dérivés nitrés, dont le plus important est le phénol trinitré ou acide picrique :

$$C^6H^5.OH + 3\ NO^3H = C^6H^2(NO^2)^3.OH + 3\ H^2O.$$

Il est à remarquer que la fonction phénol est conservée, tandis qu'avec la glycérine par exemple nous obtenions un éther nitrique.

L'acide picrique $C^6H^2(NO^2)^3.OH$ s'obtient en traitant le phénol par l'acide azotique à froid d'abord puis, pour terminer, à l'ébullition ; la réaction étant assez violente, il est plus pratique de faire réagir l'acide nitrique non pas sur le phénol lui-même, mais sur les dérivés sulfonés obtenus à 100° par l'action de l'acide sulfurique concentré. Après cristallisation, l'acide picrique se présente en paillettes jaune clair, solubles dans 100 p. d'eau à 15°. La solution, d'une saveur amère, a un pouvoir tinctorial considérable (laine, soie). Les phénols nitrés sont des matières colorantes jaunes. La solution d'acide picrique sert aussi contre les brûlures.

L'acide picrique fond à 122°,5 et peut même être sublimé; mais chauffé sans précaution il détone, il est surtout dangereux à manier lorsqu'il a été fondu (mélinite).

Les propriétés acides de l'acide picrique sont plus marquées encore que celles du phénol, les picrates sont des explosifs dangereux.

Le phénol est le type de toute une série de composés analogues dont l'ensemble constitue la *fonction phénol* ; ainsi du naphtalène $C^{10}H^8$ dérivent les *naphtols* $C^{10}H^7.OH$.

Il existe aussi des phénols doubles et triples : tel l'hydroquinone $C^6H^4(OH)^2$ employée en photographie et le pyrogallol ou acide pyrogallique $C^6H^3(OH)^3$. Certains polyphénols sont des réducteurs, l'hydroquinone sert comme révélateur, le pyrogallol en liqueur alcaline absorbe l'oxygène et noircit, il peut servir à faire l'analyse de l'air.

ANILINE. — ALCALOIDES

---

110. Composés azotés : Aniline : $C^6H^5.NH^2$. — Chauffons doucement dans une cornue dont le col s'engage dans un ballon entouré d'eau froide, du nitrobenzène (87) avec de la limaille de fer et de l'acide acétique ; l'hydrogène naissant produit par ces deux derniers corps, réduit le nitrobenzène et donne de l'*aniline* :

$$C^6H^5.NO^2 + 6H = 2H^2O + C^6H^5.NH^2.$$

L'aniline distille dans le ballon. On peut, après rectification, obtenir ainsi un liquide incolore, mais qui brunit à l'air, d'une odeur particulière, qui bout à 184° en émettant des vapeurs toxiques, qui est peu soluble dans l'eau mais soluble dans l'alcool, l'éther et les carbures d'hydrogène.

L'aniline est du benzène dont un hydrogène a été remplacé par NH^2 ; aux homologues du benzène correspondent des dérivés analogues très nombreux et auxquels se rattachent des *matières colorantes* très importantes (couleurs d'aniline). Toutes ces matières colorantes et bien d'autres encore ont pour matière première les *goudrons de houille*. L'aniline est donc un produit industriel de première importance. L'aniline peut aussi être considérée comme de l'ammoniaque NH^3 dans lequel un hydrogène est remplacé par un radical phényle, C^6H^5. L'aniline ou phényl-amine est, comme on dit, une ammoniaque composée, une *amine* qui a conservé les propriétés basiques de l'ammoniaque.

De même que l'ammoniac donne avec l'acide chlorhydrique

du chlorhydrate d'ammoniaque $NH^3.HCl$, et avec l'acide sulfurique du sulfate d'ammoniaque $SO^4H^2(NH^3)^2$, de même l'aniline donne du chlorhydrate d'aniline $C^6H^5.NH^2.HCl$ et du sulfate d'aniline $SO^4H^2(C^6H^5.NH^2)^2$, etc.

Il existe ainsi, en chimie organique, une multitude de *bases*, dérivées de l'ammoniaque, les unes artificielles, les autres naturelles, comme les *alcaloïdes*.

111. Alcaloïdes. — Les *alcaloïdes* sont des composés d'origine végétale. Ils possèdent une saveur amère. Ce sont des poisons parfois violents et des remèdes parfois précieux que l'on extrait des végétaux où ils existent à l'état de sels. Les alcaloïdes sont en effet des bases, présentant, à un degré plus ou moins marqué, les réactions alcalines de l'ammoniaque. Ce sont des composés azotés ; les uns, les alcaloïdes ternaires, formés de carbone, d'hydrogène et d'azote, sont des liquides volatils et solubles dans l'eau ; les autres, les alcaloïdes quaternaires, renfermant en plus de l'oxygène, sont, en général, des solides fixes et peu solubles.

Les alcaloïdes sont en outre solubles dans l'alcool, la ligroïne, parfois dans l'éther ; leurs sels, surtout les chlorhydrates et bromhydrates sont solubles dans l'eau ; une connaissance approfondie de ces divers caractères permet d'extraire les alcaloïdes des tissus végétaux puis de les séparer les uns des autres. En principe, on obtient les alcaloïdes volatils, comme on prépare l'ammoniaque, c'est-à-dire en distillant avec de la chaux soit le tissu végétal, soit l'extrait aqueux ; tandis que pour avoir les alcaloïdes quaternaires, on laisse macérer avec un lait de chaux et on *épuise* à l'alcool.

Les *principaux alcaloïdes* sont la quinine, la cinchonine et la cinchonidine (du quinquina), la morphine, la codéine et la thébaïne (de l'opium), la cocaïne (de la coca), la nicotine (du tabac), la strychnine et la brucine (de la noix vomique), l'atropine (de la belladone), l'aconitine (de l'aconit), la conicine (de la ciguë), etc., etc.

La *morphine* $C^{17}H^{19}AzO^3.H^2O$ s'extrait de l'*opium*, suc épaissi à l'air du pavot somnifère. L'opium est épuisé à l'eau froide ; l'*extrait aqueux d'opium* est filtré et traité par de l'ammoniaque qui précipite la morphine. Celle-ci purifiée par une cristallisation fractionnée de sa solution dans l'alcool bouillant, se présente en prismes incolores, transparents, inodores, à saveur amère, peu solubles dans l'eau même bouillante (2 millièmes), encore moins dans l'eau froide (2 dix-millièmes), peu solubles également dans l'éther et la benzine, mais sensiblement plus solubles dans l'alcool.

La morphine réduit le chlorure d'or et le permanganate ; elle réduit aussi les sels ferriques avec production d'une couleur bleu foncé.

Elle donne avec les acides des sels bien cristallisés dont le plus employé est le chlorhydrate, soluble dans l'eau. La morphine est un poison violent, mais à faible dose elle agit comme soporifique et comme calmant.

Chauffée pendant deux heures vers 150° avec un excès d'acide chlorhydrique concentré, elle perd H^2O et se transforme en *apomorphine*.

Le chlorhydrate d'apomorphine est un vomitif puissant.

La morphine et l'apomorphine possèdent une fonction phénolique (109), aussi ces deux alcaloïdes se dissolvent-ils dans les lessives alcalines.

La *quinine* $C^{20}H^{24}N^2O^2$ est, avec la morphine, l'un des deux principaux alcaloïdes. C'est le spécifique contre la fièvre et surtout contre le paludisme.

Pour l'obtenir, on concasse l'*écorce de quinquina*, on laisse macérer avec un lait de chaux et on épuise à la ligroïne (81). La solution est alors agitée avec de l'acide sulfurique étendu pour reprendre la quinine ; puis on évapore, on neutralise l'excès d'acide, on purifie par cristallisation le sulfate de quinine peu soluble et on le sépare ainsi de deux autres alcaloïdes, la cinchonine et la cinchonidine, qui accompagnent la quinine dans l'écorce de quinquina.

On précipite ensuite la quinine de sa solution dans l'acide sulfurique étendu par l'ammoniaque.

La quinine est en effet très peu soluble dans l'eau (2 °/₀₀) ; elle donne cependant avec l'eau plusieurs hydrates. Une fois desséchée, elle forme une masse cristalline, blanche, poreuse et friable qui se dissout dans les acides.

La quinine est une base susceptible de donner deux séries de sels suivant qu'elle se combine avec une ou deux molécules d'acide chlorhydrique par exemple. Les sels de quinine sont bien cristallisés, le chlorhydrate et le bromhydrate sont en aiguilles soyeuses, légères et solubles dans l'eau ; le sulfate neutre est soluble à raison de 10 °/₀ ; le sulfate basique officinal $(C^{20}H^{24}N^{2}O^{2})^{2}SO^{4}H^{2}.8H^{2}O$ l'est beaucoup moins, mais par contre sa solution dans l'acide sulfurique étendu présente un dichroïsme remarquable à reflets bleus. On utilise les sels de quinine comme fébrifuges.

La découverte de la quinine, effectuée en 1820 par deux pharmaciens français, Pelletier et Caventou, peut être citée comme un exemple mémorable des services que la chimie rend à l'humanité.

TABLE DES MATIÈRES

PROGRAMME DE SECONDE

MÉTALLOIDES

Air. — Azote. — Oxygène.

Eau. — Hydrogène.

Lois fondamentales. — Notation.

Chlore. — Sodium.

Silice. — Verres. — Acide borique.

MÉTAUX
ALCALINS ET ALCALINO-TERREUX

Composés du sodium.

Composés du calcium.

PROGRAMME DE PREMIÈRE

MÉTAUX

Introduction.

Fer.

MANUELS DU BACCALAURÉAT (Vol. 16/11cm)

Première partie.

Histoire moderne, par H. HAUSER. — Vol. br . . 1 fr. »

Géographie (France et colonies), par H. HAUSER. — Vol. broché . . . . 1 fr. 50

Histoire moderne et Géographie, par H. HAUSER. — Vol. cart. toile . . . . 2 fr. 25

Physique (Latin-sciences, Sciences-langues), par L. BOISARD. — Vol. cart. toile. . . . . 3 fr. »

Chimie (Latin-sciences, Sciences-langues), par P. RIVALS, — Vol. cart. toile . . . . 2 fr. »

Deuxième partie (*Série Mathématiques*).

Histoire contemporaine, par H. HAUSER. — Br . . 1 fr. »

Géographie (Les principales puissances du monde) par H. HAUSER. — Vol. br. . . . . 1 fr. 25

Histoire contemporaine et Géographie, par H. HAUSER. — Vol. cart. toile . . . . 2 fr. »

Philosophie, par P. JANET. — Vol. broché . . . 1 fr. 50

Philosophie et Histoire, par MM. JANET et HAUSER. — Vol. cart. toile. . . . . 2 fr. 25

Histoire naturelle, par E. CAUSTIER, professeur aux lycées Saint-Louis et Henri IV. — Vol. cart toile. . . 3 fr. 50

Physique, par L. BOISARD. — Vol. cart. toile. . . 2 fr. 50

La Composition allemande au Baccalauréat (*Materialien zu deutschen Aufsätzen*), à l'usage des élèves de l'enseignement secondaire, par Henry MASSOUL, ancien lecteur à l'université de Gœttingue, professeur agrégé d'allemand au lycée Louis-le-Grand. — Vol. 22/14cm, illustré. . . . . 2 fr. 50

La Composition française au Baccalauréat, *à l'usage des élèves de Seconde et Première A,B,C,D*, par Max JASINSKI, docteur ès lettres, professeur agrégé au lycée de Caen. — Vol. 22/14cm, de 252 pages. . . . 3 fr. »

La Version latine au Baccalauréat, *à l'usage des élèves de Troisième A et de Seconde et Première A, B, C*, par A. YRONDELLE, professeur de Première au collège d'Orange. — Vol. 22/14cm, broché, 2 fr. ; cart. toile. 2 fr. 50

Bar-le-Duc. — Imp. Comte-Jacquet, Facdouel, Dir.

www.ingramcontent.com/pod-product-compliance
Ingram Content Group UK Ltd.
Pitfield, Milton Keynes, MK11 3LW, UK
UKHW021057230726
13926UKWH00004B/1900